HERMANO ANIMAL

Karl König

Editorial Rudolf Steiner S.A.
Guipúzcoa, 11 -1ºizda
28020 - Madrid
Telf. 91.553.14.81

Editorial Antroposófica
El indio 1837
1607 Villa Adelina - Buenos Aires
Argentina

Publicado por primera vez en Alemania como ensayos separados en Die Drei, entre 1956 y 1966.
Se publicó en formato de libro como Bruder Tier por Verlag Freies Geistesleben, Stuttgart, 1967.

Traducido de la versión inglesa por Jaime Acevedo Altamira.

ISBN nº 84-89197-47-4

Depósito legal: M-44.604-1999
Diseño de Portada: G.Costa.
Fotografía de Portada: Sergio Valverde, Kenia.
Maquetación: Lola López de Cuéllar
Fotomecánica: Montytexto
Impresión: Artes Gráficas Grefol, S.A.

INDICE

Introducción

En 1928 Karl König vino a Londres para participar en una conferencia junto con otros seguidores del maestro espiritual Rudolf Steiner. Era típico en este doctor vienés de 26 años el que dedicara parte de su tiempo a visitar el barrio popular de East End. Le abrió su corazón a Friedrich Rittelmeyer, figura principal y fundador de la Comunidad de Cristianos, compartiendo con él lo que había sentido en los suburbios: una miseria y un sufrimiento que pedían ayuda a gritos. Pero König no sólo tenía una gran capacidad de compasión, sino también un sentido innato del liderazgo dinámico, que le permitía poner en práctica sus ideales para formar una comunidad de vida que incluyera a los más necesitados. Cuando, diez años después, quedó libre una mansión en una finca en Escocia, ésta se convirtió en la primera base para su trabajo con niños y personas necesitadas de cuidados especiales y la atención de una comunidad dedicada a ellos. Este trabajo se desarrolló pasando sobre todos los obstáculos hasta que la Comunidad Camphill se convirtió en un auténtico imperio, recibiendo considerables subsidios estatales en reconocimiento al importante papel que juega en la sociedad.

Como conferenciante y escritor ocasional, Karl König estaba en deuda con la Antroposofía, enseñada por Rudolf Steiner, pero él también tenía su propio 'ojo' espiritual. Estaba lleno de sentido fraternal hacia el ser humano necesitado, y también hacia los animales. Durante los diez últimos años de su vida, trabajó intermitentemente en una serie de ensayos sobre animales. A su muerte en 1966 se reunieron bajo el título Bruder Tier (Hermano Animal). En esta primera edición española, hemos partido de su versión inglesa, originalmente publicada en tres volúmenes y con pocas revisiones. Pese al paso del tiempo, tenemos aquí un verdadero tesoro. En ninguna parte se podrá encontrar un documento comparable a este sobre los animales. Las profundas reflexiones desde la Antroposofía, los arquetipos mitológicos, las maravillas científicas están todas impregnadas de gran compasión y comprensión hacia el verdadero ser de los animales. Karl König parece haber entrado en su piel (escamas, pelaje o plumas) y desde allí nos muestra nuevos horizontes de conciencia. Estoy seguro de que los hubiera amado como a sus hermanos incluso si no hubieran sido de tan vital importancia para la vida humana y para la evolución de la tierra.

Michael Jones

El origen de las focas

1. Las migraciones de los animales

En todo el reino animal vive un constante impulso por migrar. No hay apenas familia o especie para la que la migración y el retorno no sean una parte esencial de su existencia. Los viajes pueden ser largos o cortos. Ciertas especies atraviesan océanos; otras vuelan sobre continentes enteros.

Las migraciones se producen de las más variadas formas. Las aves pueden viajar a lo largo de miles de kilómetros; algunos tipos de mariposas atraviesan altas cadenas montañosas. Los renos en sus migraciones en el Norte recorren grandes distancias. Las anguilas, que se crían en el mar de los Sargazos, viajan hacia el este y luego remontan los ríos del continente euroasiático. El salmón sigue el camino inverso, desde los riachuelos y ríos, de vuelta al océano. Las langostas migratorias, que destruyen todo a su paso, y las hordas de hormigas migratorias, avanzan en impresionante número a través de vastas áreas de tierra. La migración del arenque, la aparición del esturión, la foca, el león marino y el pájaro bobo en épocas determinadas del año, y su desaparición después de un período corto o largo, son manifestaciones parciales de este incesante ir y venir.

¿Hay alguna causa que esté en la raíz de este vagar y migrar? Es un fenómeno sorprendentemente complejo, que parece depender de las más variadas condiciones. Cada especie tiene su propia forma de migrar, y es tan característica como la forma de su cuerpo o la estructura de su dentadura. Algunas migraciones dependen de los ritmos estacionales; algunas siguen las fases de la luna. A menudo el cambio de lugar está relacionado con los períodos de celo y cría. También hay animales nómadas que buscan comida, y otros que, de repente, se ven poseídos por una manía migratoria y, como los lemmings escandinavos, corren directamente a su muerte. Si intentamos encontrar los rasgos esenciales de la migración entre esta multiplicidad de fenómenos, nos encontraremos con que el único modo de definirla es hacerlo de la manera más amplia posible. Cuanto más ampliamente miremos el fenómeno, más claramente se nos presentarán sus características esenciales.

Una colmena en la que ha reinado una actividad normal durante semanas, que ha recogido néctar y polen, cuidado de las larvas, enseñado a las jóvenes abejas sus ocupaciones y funciones, de repente, se ve poseída por una inquietud general. Toda normalidad se interrumpe. En los últimos días se ha recogido menos comida; las celdas reales, en las que las futuras reinas están a punto de salir, están fuertemente guardadas. Entonces, a menudo cuando sale el sol después de un corto período de lluvia, las abejas comienzan a formar un enjambre. La vieja reina y un gran número de abejas jóvenes dejan la colmena y se marchan formando un enjambre compacto en busca de un nuevo panal.

El lemming noruego, una especie de topo, puede vivir durante años en las llanuras y páramos de las montañas del norte, solitario, discreto, tímido y retraído. Entonces, un verano, cuando la cría ha sido más prolífica de lo habitual y una multitud de jóvenes lemmings pueblan las tierras bajas, surge el impulso de migrar. Se reúnen a millares, se hacen agresivos y peleones, corren por los bosques y matorrales, atraviesan ríos, saltan en profundas gargantas, se ahogan unos a otros, y siempre se dirigen al oeste, hasta que llegan a la costa, y, por fin, sin detenerse, perecen en el océano.

Los pájaros bobos, que han evitado las costas de la Antártida durante meses, emergen de repente, como por arte de magia; salen a cientos del océano, y, apelotonados, pueblan las tierras sólidas. Allí construyen sus guaridas, agujeros o pequeñas depresiones rodeadas de piedras. En ellas ponen sus huevos y crían a sus pequeños. Cuando éstos han aprendido a nadar, los pájaros bobos regresan al mar y desaparecen, sin que nadie sepa dónde van durante el resto del año.

Estos ejemplos podrían ilustrarse con muchos otros. En cada caso vemos que, además de la migración, aparece otro elemento. Criaturas individuales se reúnen en grandes o pequeños grupos. Aves, peces, insectos, se agrupan y van juntos hacia la misma meta en cerrada formación.

Se han dado muchas explicaciones para este comportamiento. En cada una de ellas hay un poco de verdad, pero ninguna le hace justicia al fenómeno en sí mismo y en todos sus aspectos. Ciertamente el hambre, el instinto sexual y la muerte tienen un papel en ello; pero, ¿qué provoca esta agrupación? ¿Qué lleva al individuo a buscar comunidad con miembros de su especie y a emprender estas migraciones, viajes y vuelos sólo con ellos? ¿Por qué miles de pájaros bobos, cientos de miles de focas, millones de arenques, anguilas y sardinas se reúnen de repente? Algunos viajan juntos, otros se reúnen e instalan en lugares concretos en incontables multitudes.

¿Podemos comprender intuitivamente qué ocurre en estos momentos de la vida animal? Por supuesto, uno puede achacar la responsabilidad de ello a una función glandular, al despertar repentino de un instinto, y a otras cosas; pero las glándulas cambian de función, los instintos despiertan, porque algo más elevado, más fuerte, impregna a toda la especie y la transforma.

¿Qué le ocurre a un grupo de aves en otoño cuando 'hacen las maletas', por así decirlo, y vuelan hacia el sur? Una inquietud repentina les embarga; forman bandadas y comienzan a viajar juntas. Las aves de paso que permanecen enjauladas, experimentan la misma inquietud cuando sus coetáneas en libertad comienzan a migrar. Lucanus escribe (1):

> *El ave cautiva, frenética, aletea incansablemente en su jaula, y a menudo daña gravemente su plumaje... esto es prueba segura de que no son causas exteriores las que llevan a las aves migratorias a viajar, sino que siguen un omnipotente impulso que las domina completamente y que no pueden reprimir o cambiar voluntariamente. ¡El ave de paso migra porque tiene que hacerlo!*

Pero, ¿por qué tiene que migrar un pájaro? Porque todas las criaturas vivas, incluido el ser humano, están imbuidas de ciertos ritmos vitales. No está justificado comparar, ni por aproximación, los impulsos migratorios de los animales con el deseo de viajar y tener experiencias del ser humano. Este error ha obstruido repetidamente la vía hacia una nueva comprensión de este fenómeno. Los animales migran y regresan del mismo modo que el ser humano duerme y se despierta.

Las aves que se preparan para volar hacia el sur experimentan un cambio de consciencia al que se tienen que entregar. Es una experiencia de sueño profundo, nocturna. Empiezan a soñar con el Sur, y cada especie tiene su sueño colectivo; sus miembros se unen en la experiencia de ese sueño y buscan su camino, como sonámbulos, en la tierra de sus sueños. En todos ellos se produce un cambio de comportamiento. Lucanus nos cuenta (2):

> *En Courland Spit pude observar cómo los halcones migratorios y los gavilanes viajaban en vecindad con los zorzales, estorninos, pinzones y otros pequeños pájaros, sin mostrar el más mínimo deseo de capturarlos. Tampoco los pájaros prestaban atención a sus temidos predadores, sino que continuaban su viaje muy cerca de ellos, sin cambiar la dirección de su vuelo en lo más mínimo.*

Esto sólo se puede explicar por el hecho de que todos estos pájaros, predadores y presas, están soñando. Duermen un sueño ligero y, durante su estancia en el Sur no despertarán de este sueño hasta la mañana de su viaje de retorno. Entonces comenzarán a regresar a su patria, al trabajo cotidiano —construir un nido, incubar, criar a sus polluelos. Cuando hayan hecho ese trabajo, en la víspera de la partida, el sueño del Sur caerá sobre ellos de nuevo.

Este es el poderoso trasfondo de todas las migraciones animales. Del mismo modo que nosotros, los seres humanos, dormimos y despertamos en el ritmo de una revolución diaria de la tierra, los pájaros y animales están sujetos a un ritmo similar, pero en su caso anual. No es sólo la tierra, sino la relación del sol, la luna y la tierra lo que establece el ritmo de su dormir y despertar. La migración y el regreso es una experiencia de adormecerse y despertar de las almas grupo de las distintas especies. El impresionante poder de este fenómeno no se explica sólo basándose en los instintos, impulsos y modos de comportamiento. Una sobrecogedora respiración atraviesa las razas individuales: exhalando, les lleva desde el trabajo diario a la tierra de los sueños; inspirando, les lleva de vuelta a la vida cotidiana.

Sólo puede comprenderse con profundidad la vida de las focas cuando vemos estas grandes respiraciones que fluyen por toda la tierra. Este gran grupo animal, que guarda tantos misterios, está gobernado por este ritmo de un modo muy especial, como ahora mostraremos.

2. *El ciclo anual*

La vida de la mayoría de las focas se determina principalmente por una alternancia entre la migración y el descanso. Esto se ve enfatizado por el hecho de que un período tiene lugar principalmente en el elemento acuático, y el otro enteramente en tierra firme. La duración de los períodos varía según las especies y los entornos. Algunas pasan la mitad del tiempo en tierra, otras sólo unas semanas.

En todas las especies de focas, las crías sólo nacen en tierra firme, nunca en el agua. El apareamiento también tiene lugar en tierra y se produce poco después del nacimiento de los retoños; éstos, indefensos y totalmente dependientes de los cuidados maternos, sólo aprenden a conocer el mar después de un tiempo, y bajo la supervisión y guía de su madre. Aprenden a nadar en pequeñas piscinas formadas en la orilla, hasta que han aprendido a dominar el elemento acuático. Luego vendrá el turno de las vastas extensiones del océano, y para cuando regresen, ya serán adultos.

Las focas jóvenes crecen y se desarrollan muy rápidamente. Pierden los dientes de leche, las especies que los tienen, antes del nacimiento o inmediatamente después de éste. Los bebés foca aumentan su peso un kilo y medio al día. De este modo, los jóvenes crecen increíblemente rápido, destetándose con sólo un mes de vida.

Sólo nace una cría por camada, y si la madre, por olvido, sale a nadar durante un día o dos y no regresa, la cría morirá de hambre. Los pequeños gimen lastimeramente, y salen auténticas lagrimas de sus grandes y oscuros ojos.

Después del período de amamantamiento, las crías permanecen un mes en la orilla, sin vigilancia. Las madres han perdido su interés por ellas y viven en los harenes de sus machos. Los jóvenes comienzan a crecer, aunque apenas toman alimentos; su pelaje cambia de color, y cuando comienzan las tormentas del invierno que se avecina y llegan los días fríos, todas las focas, jóvenes y adultas, se van al océano. No se sabe dónde van, pero emprenden un largo viaje. Focas anilladas en Noruega se han encontrado al año siguiente en el sur de Suecia, Escocia e Islandia. La mayoría regresa a los mismos criaderos, y su regreso tiene lugar según reglas estrictas.

Las focas ursinas, que viven en el Pacífico Norte, desde Alaska hasta Kamchatka, comienzan a aparecer en los criaderos hacia finales de mayo. Primero aparecen los machos más viejos y fuertes, seguidos de cerca por las jóvenes focas. A lo largo del mes de junio hay una continua lucha para conseguir los mejores nidos. Cada uno de los viejos machos rodea sus dominios —apenas unos metros cuadrados— con piedras y trozos de tierra, pero sobre todo con su cólera y su celo. Se encuentran miles de estos recintos unos al lado de otros, y los jóvenes machos, que no pueden aún reclamar un nido, permanecen en los alrededores, más o menos respetuosamente.

Entonces, hacia la mitad del verano, en los primeros días de julio, miles de hembras salen del mar y permiten que los machos les conduzcan a sus dominios. Cuanto más fuerte sea el macho, más hembras tendrá. Pocos días después nacen las crías, son amamantadas y criadas, y al mismo tiempo comienzan nuevos apareamientos.

En el Antártico, donde viven las focas del sur, tiene lugar el mismo proceso, solo que comienza en noviembre y dura hasta marzo del siguiente año.

Durante todo este tiempo las focas no se alimentan. Su vida es de ocio y placer, no de caza y presa. Entre los machos también es tiempo de lucha; es la época del amor y el bienestar. Las crías crecen y comienzan las travesuras infantiles. Todos los observadores que, como Lockley (3), han vivido en un criadero durante varias semanas, se han sentido cautivados por el mágico mundo de su existencia.

Lo que ocurre en estos lugares en los que se asientan

las focas es una imagen de su implicación en el ciclo del sol. Cuando el sol asciende hacia su cenit, cada año, las focas salen del mar y van a tierra. Dejan el mar, no porque el clima sea más cálido y las condiciones de vida en tierra sean mejores. El sol les lleva desde las profundidades del agua a las alturas del aire. El verano les acuna. Las focas quedan impregnadas de imágenes oníricas, y deben entregarse a ellas.

Es lo contrario de lo que ocurre con las aves migratorias. Para ellas, aparearse e incubar es el trabajo cotidiano. Las focas han llevado esto al ámbito del sueño del verano. Tales diferencias son de suma importancia para el estudio de la biología y la historia de la tierra, y merecen ser investigadas en mayor profundidad de la empleada hasta el momento. Cuando llega el otoño y el sol pierde su fuerza y se hunde en el horizonte, las focas despiertan de nuevo. El otoño es su mañana. Entonces regresan al agua y se convierten en predadoras y cazadoras; ahora es cuando comienza su día de trabajo.

Esta periodicidad dentro del año tiene también otro aspecto. Dentro del gran círculo de los mamíferos, las focas tienen un orden propio (pinnípedos). Algunos investigadores las incluyen entre los predadores; algunos de sus rasgos son caninos. Su carácter y modo de vida hacen difícil incluirlos en ningún otro orden. Tienen algunos rasgos que las relacionan con los carnívoros, otros las relacionan con los elefantes. En el agua son predadores y cazadores temibles; ningún pez está a salvo de ellas. También son capaces de realizar auténticas proezas nadando; son rápidas, obstinadas y agresivas. En el mar no parecen vivir en manadas, sino en solitario, sólo relacionadas ocasionalmente con miembros de su especie. Sus movimientos se caracterizan por su excepcional habilidad y ligereza.

En tierra, sin embargo, las focas son torpes; debido a que sus brazos y muslos se han quedado muy reducidos e integrados dentro de la piel, y a que el resto de los miembros se han transformado en apéndices parecidos a aletas, su movilidad está muy limitada. Se arrastran, reptan y gatean por el suelo. También dejan de cazar. Se reúnen en pequeñas manadas, reminiscencia de los ungulados. Un macho dirige la manada, que consiste en varias hembras y pequeños. Los elefantes tienen tendencias similares.

Así, las focas van del agua a la tierra, pero, además, en su carácter, entre el predador y el ungulado. Durante su período de vigilia parecen predadores; durante su período de sueño, ungulados.

Además, las focas tienen rasgos casi humanos, o al menos aparentemente antropoides. Una madre pare una sola cría o, rara vez, tiene gemelos. Las crías pueden gemir y llorar con lágrimas, e incluso tienen dientes de leche. La expresión humana del rostro de las focas viene de que sus ojos sean tan grandes y redondos, y porque la cabeza tiene una forma muy redondeada en la parte superior. En algunas especies, sobre todo en la foca común, la frente se proyecta sobre los ojos y, como el hocico no es muy prominente, surge un parecido con el rostro humano.

Una vez estaba de pie, al anochecer, en la playa de Tintagel, cerca de la cueva de Merlín, y el mar estaba cantando su oscura canción, cuando, de repente, emergió del mar una foca común. Me miró con curiosidad y nuestros ojos se encontraron. Fue una mirada como nunca he intercambiado con un animal, una mirada sin miedo, sin timidez, llena de comprensión de la situación. Fue entonces cuando comencé a despertar a los misterios de estas extrañas criaturas.

3. Hábitat y origen

No se han encontrado antecesores de las focas en la historia de la tierra. Los esqueletos y restos encontrados por los paleontólogos muestran las mismas estructuras de las especies vivas actualmente: miembros atrofiados, cola regresiva, y la característica formación de los dientes. Los restos se han encontrado casi exclusivamente en las capas geológicas correspondientes a los dos primeros períodos del Terciario, el Mioceno y el Plioceno.

Todo parece indicar claramente que el orden de las focas surgió relativamente tarde, y probablemente de forma repentina. Los restos muestran siempre los rasgos característicos, sin estadios tempranos o intermedios. Aparecen de repente, con su forma acabada y perfecta.

Para empezar, uno apenas puede dudar acerca de que las focas fueron originalmente animales de tierra. Tienen aún respiración pulmonar, y los recién nacidos tienen una organización que no les permite vivir en el mar nada más nacer. Debemos suponer, por lo tanto, que todas las focas fueron de la tierra al mar, y, como recuerdo onírico, regresan cada año a sus orígenes guiadas por el sol.

¿Dónde están las playas a las que acuden, y dónde han establecido sus criaderos principales? Las últimas investigaciones indican, sin posibilidad de error, que los centros originales en torno a los que vivieron eran los dos círculos polares. Y el Ártico y la Antártida siguen siendo sus hábitats hoy día (4).

Ciertas especies, como la foca leopardo, ciertos tipos de leones marinos y el elefante marino, habitan en la Antártida. Otros emergen para aparearse y criar en muchas islas y penínsulas alrededor del Polo Norte: Groenlandia e Islandia, las costas orientales y occidentales del norte de Canadá, y las islas que se encuentran entre Asia y América desde Alaska a Kamchatka y Sajalín. Como las focas pasan el verano soñando y durmiendo y no se alimentan, el mundo estéril, pedregoso y, a menudo, helado y nevado de las costas polares es un hábitat aceptable para ellas.

Algunas focas, sin embargo, especialmente las focas comunes, llegan a costas más meridionales. En Europa, se ven con regularidad en Irlanda, Gales y Cornualles. Pueden incluso aparecer en Portugal; y hay una especie, la foca monje, que habita en las costas mediterráneas. Cuanto más se acercan al sur, más se diluye su ritmo anual. Su ritmo original a lo largo del año desaparece y viven más entre el agua y la tierra.

También habitan en mares interiores, como el lago Baikal y el Mar Caspio, y esto podría ser la clave de su distribución geográfica primitiva. Tal vez las glaciaciones, cuando fueron hacia el sur, las llevaron hasta allí, y allí las dejaron cuando se retiraron. Los restos paleontológicos también apoyan esta suposición: se han encontrado esqueletos de focas en el sur de Rusia, en Hungría, en Italia e incluso en Egipto.

Las diferentes familias de focas parecen provenir, por lo tanto, del Norte, del Ártico. Allí, cerca del Polo, se encuentra su hogar, y muchas regresan allí todavía. El movimiento hacia el sur de los glaciares se llevó a las focas consigo. Cuanto mayor se hizo el Círculo Polar, más al sur fueron empujados los animales polares originales. Desde la Antártida también fueron empujadas hacia el norte, y llevadas hasta las costas de Sudamérica, llegando a la Patagonia; los leones marinos llegaron más allá del Ecuador. Las focas también habitan en Australia y Nueva Zelanda.

¿Podemos hacernos una imagen coherente de las focas a partir de los hallazgos paleontológicos y geográficos, y descifrar con ello el trasfondo de la historia de la tierra? Desde las regiones polares árticas, y tras varias glaciaciones, han sido gradualmente llevadas a las zonas templadas, aunque las regiones polares han seguido siendo su hogar. Ahora, cuanto más nos acercamos a los polos, más predomina el ritmo anual del sol sobre el ritmo diario, tan natural en otras partes de la tierra. El día y la noche de la tierra se transforman en día y noche polares. Durante meses, el sol no aparece en el horizonte, hasta que sale en primavera y no se vuelve a poner durante semanas. Nos encontramos aquí con el mismo ritmo que está inscrito en los ritmos vitales de las focas. Durante la noche polar, el sol se lleva a sus hijos-foca con él, y los sumerge en las aguas de los grandes océanos. Cuando el sol se alza en el día polar, por todo el planeta emergen las focas, y le siguen hasta la orilla. Todos los pinnípedos están imbuidos de este ritmo del sol polar. Y esto es lo que nos permite comprender la distribución geográfica y el estilo de vida de estos animales.

La prehistoria de las focas, que hemos podido desvelar a partir de su distribución geográfica y modos de comportamiento, y su ritmo vital, que sigue el curso polar del sol, nos lleva, en la historia de la tierra, a las regiones en las que, según la Ciencia Espiritual, podíamos encontrar la raza hiperbórea al comienzo de la evolución terrestre y del hombre. En aquel entonces, todo lo que posteriormente se desarrolló como el género humano y los reinos de la naturaleza, estaban aún en estado germinal. Rudolf Steiner lo describe del siguiente modo (5):

> *Era como un útero cósmico, en el que vivía la planta luminosa que llegaría a ser el hombre, en comunión con el manto de luz que envolvía la tierra. En esta sutil y vaporosa forma vegetal, el hombre estaba unido a la madre tierra como por un cordón umbilical y la madre tierra le nutría y le cuidaba. El germen humano de entonces era cuidado y alimentado del mismo modo que el embrión humano es cuidado y alimentado por el cuerpo materno.*

Durante este período, el sol se separó de la tierra.

Como resultado de la salida del sol, la niebla, al enfriarse, se licuó. Y así surgió el globo terrestre acuático, y el ser humano tomó la forma que le permitiría vivir una vida acuática, emergiendo a la esfera vaporosa que envolvía las aguas. De modo que era un ser en parte de agua y en parte de vapor.

Y así fue como le llegó la luz exterior del sol.

Ahora comienza a descifrarse el misterio del origen de las focas. En esa región de la tierra que aún es el hogar de muchas focas, se encuentra lo que fue una vez la cuna de la humanidad. Allí vivieron los cuerpos humanos, rodeados de luz, impregnados de aire, "en el cordón umbilical de la madre tierra". Se condensaron y solidificaron cada vez más a medida que pasó el tiempo. Rudolf Steiner, en la conferencia antes citada, indica que entonces, cuando el sol dejó la tierra, el cuerpo del hombre había llegado a un estadio que "aún vemos preservado, en una forma degenerada, en los peces. Los peces que vemos hoy día son reliquias de los hombres de entonces..."

Pero las focas no son peces, y, sin embargo, han sido formadas y estructuradas para la vida en el agua. Si nos preguntamos qué diferencia a los peces de las focas, la respuesta es sencilla. Las focas están más cerca del hombre; son mamíferos; forman lazos sociales, al menos cuando viven en tierra firme; dan a luz a una sola cría y la cuidan, al menos durante algunas semanas.

Los peces, sin embargo, ponen huevos, a menudo en grandes cantidades, en el agua; e incluso si algunas especies construyen nidos y cuidan de sus pequeños durante un corto período de tiempo, les separa una distancia infinita de los mamíferos, y especialmente del orden de los pinnípedos, tanto en estructura, como en comportamiento.

El pez es una criatura del agua, pero el organismo de la foca sólo está adaptado a la vida en el agua. Sus miembros se han transformado en apéndices natatorios; la piel está acolchada con una gruesa capa de grasa; esto le proporciona una protección calórica. Los orificios nasales y auditivos pueden ser cerrados completamente bajo el agua. Estas son las características de estos habitantes del mar.

¿Pero dónde está el origen de las focas? ¿Fueron realmente mamíferos de tierra que fueron a vivir en el agua? Si así fue, deberíamos encontrar algunas indicaciones de estos primeros estadios de las focas, pero, de hecho, las focas aparecen ya plenamente formadas en el Mioceno y en el Plioceno. Según las investigaciones de Wachsmuth (6), estas épocas geológicas corresponden a los comienzos de la Era Atlante; esto significa que cuando las formas primitivas de los mamíferos comenzaron a desarrollarse, las focas aparecen ya plenamente formadas. ¿No parece esto una contradicción?

¿Pueden ser las focas los antepasados de todos los mamíferos que surgieron entonces? No los antepasados en el sentido de la teoría de la evolución, por la que un animal procede de otro por las aparentes fuerzas hereditarias y de adaptación, sino los precursores en el sentido de que habían mantenido su forma física primitiva, sus miembros rudimentarios y sus cuerpos redondeados, sin especializarlos. Probablemente, las focas nunca fueron animales de tierra firme, ya que no fue hasta la época atlante cuando la tierra se hizo lo suficientemente sólida como para que los animales y los hombres pudieran pisar firmemente sobre ella.

Si seguimos con estas consideraciones, podemos mirar al cuerpo de la foca como un nuevo objeto de aprendizaje. ¿No es una reminiscencia de una forma embrionaria? Un embrión humano, al final del segundo mes, aunque no mide más de 25 milímetros, tiene una forma y estructura muy similar a la de la foca. En el embrión, los miembros no son más que insignificantes muñones; los ojos son redondos, con los párpados bien abiertos. La boca no tiene labios, es como una hendidura. Y el embrión flota en el líquido amniótico que lo envuelve.

¿No estamos aquí ante la historia temprana de la tierra? Las focas no se transformaron en peces, porque permanecieron dentro de la familia humana hasta el comienzo de la era atlante. Tenían cuerpos indiferenciados, como embriones, que medio flotaban, medio nadaban, en la todavía no condensada tierra-agua. Al comienzo de la Atlántida, cuando se comenzó a formar el lenguaje y la memoria (7) y los antepasados del hombre, entre ellos las focas, daban los primeros pasos hacia el desarrollo del Yo, las focas comenzaron su declive. Entraron demasiado pronto en la densificación y endurecimiento de su forma humana embrionaria. Por eso todavía hoy pierden los dientes de leche al nacer y sólo se amamantan unas pocas semanas. En ese momento crecen tan rápido que se independizan enseguida. Pasan la infancia a toda velocidad, en una clara indicación del precipitado proceso por el que se hicieron animales.

Las focas son un testimonio de los orígenes de la humanidad, en las regiones Hiperbóreas, que rodeaban el Polo Norte como un gran cinturón, en los primeros días de la tierra. Allí estaban los antepasados del hombre y también de las focas; los dos eran idénticos. Al comienzo de la Atlántida, cuando el desarrollo de la personalidad y de la consciencia comenzó, una parte del género humano, que aún estaba en desarrollo y con forma embrionaria, cayó prematuramente en la solidificación. Se convirtieron en el orden de las focas. Son los proto-mamíferos, que pudieron reproducirse como formas embrionarias. (8)

Sin embargo, no sólo han mantenido sus formas embrionarias, sino también su conexión interior con el sol que en un tiempo iluminaba las regiones hiperbóreas.

Siguen el curso del sol en su ritmo de noche y día polar. Nunca fueron animales de tierra firme, más bien al contrario. En los comienzos de la Atlántida, desde las aguas a las que se habían lanzado demasiado pronto, intentaron pisar la tierra, que cada vez era más densa. No lo consiguieron. Cada año vuelven a intentarlo de nuevo, y de una forma muy conmovedora, confían sus hijos a la tierra firme; pero es sólo un sueño, y se va del mismo modo que llegó. Cuando las tormentas otoñales llegan, tienen que volver al mar, porque el sol poniente del polo les llama.

Este es el destino terrestre de todas las focas: como embriones humanos se densificaron demasiado pronto, y tuvieron que sumergirse en las aguas de los grandes océanos. Alcanzaron la Antártida, donde encontraron unas condiciones como las de su antiguo hogar. Intentan una y otra vez alcanzar la tierra, pero siempre les puede el agua. Representan un monumento mundial de un estadio temprano de la evolución humana. Cuando les miramos a los ojos, nos vemos tal como fuimos una vez, y sentimos intuitivamente cómo hemos evolucionado y lo que las focas aún son.

Son muy parecidas a nosotros porque no se han especializado como otros mamíferos. No son carnívoros normales, ni ungulados. No son formas que nos recuerden a los tiempos de la Lemuria, como los marsupiales y los monotremas, ni formas entregadas a la destrucción, como los roedores.

Se relacionan con las ballenas y los delfines, pero estos tienen otro origen. Las focas pasaron por la catástrofe atlante y fueron a parar a las regiones de la tierra que hoy día habitan.

4. *Mitología*

En otra época, los esquimales vivieron en estrecha relación con las focas y las ballenas. Antiguamente, cuando un cazador cazaba una foca común o una morsa, el hombre permanecía durante tres días en su cabaña. Durante ese tiempo no le estaba permitido comer, beber, ni tocar a su mujer. Todo trabajo de la casa se dejaba a un lado; no se hacían las camas ni se limpiaba el aceite de ballena de las lámparas.

Tres días después el alma de la foca muerta era liberada y volvía al seno materno. Entonces se podía retornar a la vida cotidiana y a la caza. Las almas de las focas, morsas y ballenas iban a Sedna, la gran diosa (9):

> *[El Dr. Franz Boas] nos dice que la madre de los mamíferos marinos puede ser considerada como la deidad principal de los esquimales. Ella dirige todos los destinos de la humanidad... Su hogar es el sub-mundo; en él vive, en una cabaña construida con piedras y costillas de ballena. "Las almas de las focas, morsas y ballenas proceden de su hogar. Cuando uno de estos animales muere, el alma permanece en el cuerpo durante tres días. Luego regresa a la morada de Sedna, que la enviará de vuelta más tarde".*

Los esquimales tienen un extraordinario número de ritos y tabúes relacionados con las focas. Las almas de estos animales "tienen muchos más dones que las de los hombres". Lo que no pueden soportar es el vapor que emana de la sangre humana, y la sombra y el color oscuro de la muerte. Tampoco soportan a las mujeres durante la menstruación.

Los esquimales intuyen que la sangre y la muerte contienen las fuerzas del Yo y de la personalidad, de las que se retiraron las focas en su momento. Aún pertenecen a la diosa del sub-mundo y a las profundidades de la tierra; pertenecen al Reino de las Madres, desde el cual comenzó el destino del hombre. Rudolf Steiner dijo (10) que las 'Madres' se encontraban en estadios anteriores de la evolución de la tierra. Las almas de las focas se remontan a esas regiones del pasado; allí es donde tienen su origen común con los hombres, sus hermanos.

Estos últimos, sin embargo, han renegado de esta hermandad en los últimos siglos. En el norte y sur de la tierra, comenzaron una caza sin piedad de sus propios antepasados. Millones de focas comunes, morsas, leones marinos, focas leopardo y otras fueron aniquiladas. Con porras, hachas, pistolas y cuchillos, se exterminaron manadas enteras, llevando a algunas especies a la extinción. Esto no fue llevado a cabo por los esquimales, que vivían en estrecha relación con las focas. Fue realizado por avaricia y ejecutado por europeos, japoneses y americanos. Ahora las focas son cada vez más escasas, y la casa de Sedna debe estar abarrotada con sus almas. Esta diosa madre de las profundidades de la tierra también cuida del destino de los seres humanos, pero, ¿en qué puede acabar una humanidad que destruye la imagen de su propia infancia? ¿No es una negación de su origen divino?

Pocas personas conocen aún la verdadera historia del origen de las focas. Incluso Lapp Aslak, hijo de Siri Matti, que me relató el origen de las focas el 24 de mayo de 1944, "tal como sus padres se lo habían transmitido", recuerda intuitivamente sólo una parte de la verdad.

Habló del éxodo de los israelitas de Egipto, de su travesía del Mar Rojo, y de los egipcios que los perseguían: "Entonces Moisés levantó su bastón de nuevo, y el Faraón y todos sus hombres, perros, carros y caballos, fueron tragados por las aguas. El Faraón y todos los de su rango se convirtieron en focas; se convirtieron en grandes focas, mientras que los soldados se transformaron en focas pequeñas". (11)

Aquí nos encontramos de nuevo, aunque de una forma históricamente distorsionada, una imagen arquetípica del origen de las focas. Una parte de la humanidad, que no participa del progreso de la evolución, sino que quiere evitarlo, es tragada por las aguas. La otra parte atraviesa, con sus pies secos, el mar, y llega a la otra orilla.

Y al final de su historia, Aslak comenta:

"Si se fijan, cuando se le quita la piel a la foca, parece casi un hombre. Sobre todo cuando se le pone boca abajo." Así fue cómo Aslak encontró la profunda relación entre la foca y el hombre.

La vida de los pájaros bobos[(1)]

1. El hábitat en torno a la Antártida

En su famoso libro "La isla de los pájaros bobos", Cherry Kearton escribe (1):

> *No creo que en mis más de cuarenta años de investigación por todo el mundo, haya encontrado a una criatura tan interesante y al mismo tiempo tan divertida. Uno no puede dejar de reírse ante las cómicas expresiones que le han hecho tan famoso. Pero la isla de los pájaros bobos me ha enseñado que no sólo es un animal risible. A veces no parece muy inteligente —hace muchas cosas inteligentes y bien pensadas, aunque presumiblemente por instinto— pero es un animal virtuoso y leal; y un modelo para la vida marital.*

Cualquiera que haya visto pájaros bobos confirmará esta descripción. Son aves algo extrañas. No pueden volar, pero caminan cómicamente en posición vertical, o se deslizan sobre sus vientres. De repente, surgen a millares del mar, para instalarse en sus criaderos. ¡Hay tantos como granos de arena en la playa! Pocas semanas después del apareamiento, la hembra pone un huevo. Sus parejas comparten la incubación, y se ocupan juntos, con ejemplar atención, de cuidar de la cría (normalmente única). Todo esto tiene lugar en masa, apelotonados los unos contra los otros.

Una vez se han independizado los pequeños, los pájaros bobos vuelven al mar.

Cada año se repite este mismo ritmo, con la única diferencia de que las diversas especies tienen ritmos diferentes. Casi todos crían durante el verano. Los pájaros bobos emperador, sin embargo, llegan a la costa en otoño, y pasan el período de incubación y cría en pleno invierno. Los gentús o juanitos anidan incluso dos veces al año, en otoño y en primavera. Por otra parte, viven más cerca de las zonas templadas que la mayoría de sus parientes.

Los pájaros bobos son criaturas de la Antártida. Su hábitat va desde el continente antártico hasta las islas y archipiélagos que rodean ese océano. Toda esta región es utilizada por los pájaros bobos como criadero. Se extiende desde Nueva Zelanda, pasando por Tasmania, las islas Kerguelen y Crozet, Sudáfrica, hasta Georgia del Sur, las Orcadas del Sur y las Shetlands del Sur. Las corrientes frías del océano les pueden llevar incluso hasta las Galápagos, en el Ecuador. En el hemisferio norte no hay pájaros bobos.

Es un fenómeno notable el que nos encontramos aquí, porque muy pocos tipos de aves o animales se limitan tan claramente a una zona. ¿Cómo se puede entender esto? ¿No es el Polo Norte similar al Polo Sur? Ambas son regiones separadas del resto de la tierra, en las que el ritmo día-noche se ha transformado en un ritmo anual, porque el sol sale y se pone una sola vez durante doce meses. Ambas zonas polares están recubiertas de hielos perpetuos; pero bajo esa cubierta se encuentran dos mundos completamente diferentes (2).

La región polar ártica es una gigantesca depresión, una hoya de la cual salen islas, rodeada por las costas de los continentes. En contraste, la región polar antártica es un continente, un gran bloque de tierra emergida, rodeado por el mar.

Esto caracteriza el contraste básico entre las dos regiones polares.

A continuación, una descripción de Hermann (3), donde esto se pone aún más de relieve:

> *El Polo Norte está situado sobre un profundo océano, del tamaño del continente europeo, y de 4.200 metros de profundidad en el Polo. El Polo Sur, por el contrario, es más o menos el punto central de un gran continente, de una vez y media el tamaño de Europa. Se encuentra sobre una plataforma, a 2.900 metros sobre el nivel del mar. Y mientras que la cuenca oceánica del Polo Norte está rodeada casi por completo por las enormes masas continentales de Asia, Europa y América, la Antártida, el sexto continente, se encuentra completamente aislada en medio de un océano de 5.000 metros de profundidad. El Atlántico, el Pacífico y el Índico lo rodean, formando una masa de agua inconmensurable.*

Intentemos hacernos una imagen de los dos polos con más detalle, e imaginemos que el océano Artico tiene 4.000 metros de profundidad, y el continente antártico tiene casi 3.000 metros de altura, con lo que la diferencia es de 7.000 metros. Consideremos, por otro lado, que en el norte tenemos un mar rodeado de costas, y en el sur tenemos una enorme isla rodeada de océanos. Así obtendremos un contraste aún más evidente en su claridad arquetípica. El Polo Norte es un océano acorralado por las costas de los grandes continentes; el Polo Sur es una isla bañada por poderosos océanos.

El mar y las islas son las dos formas primordiales que moldean el paisaje de la tierra con una variedad infinita. La isla arquetípica es la Antártida. El mar arquetípico es el Océano Ártico; y de estos dos ámbitos proviene el poder formativo que fluye a todas las demás regiones de la tierra. Podríamos decir que todas las islas, estén donde estén, son hijas de la Antártida; y todos los océanos, grandes o pequeños, descienden de la cuenca ártica.

Una isla —toda isla— es un pedazo de tierra que se ha condensado, cristalizado, a partir del agua que la rodea. Las fuerzas activas en el elemento acuático se concentran en un punto central y dan lugar a la isla. Un océano, por el contrario, es un proceso de disolución que se forma en el centro del ámbito de la tierra firme. Desde este punto central las fuerzas de dilución y licuefacción fluyen hacia las orillas, llevándose acantilados y montañas en el curso de los milenios.

La isla es un proceso de solidificación hacia la tierra; el mar es una disolución, una muerte de la tierra. En estas dos formas están activas las fuerzas de condensación y disolución. El Polo Norte es viejo; la tierra se disuelve. Desde allí, las glaciaciones se expanden y contraen rítmicamente en el curso de la evolución, cubriendo partes de los continentes del norte con hielo durante cientos de años y luego retirándose a la madre de todos los mares. Desde el Polo Sur, por otro lado, las fuerzas 'isleñas' de solidificación fluyen hacia la tierra. Mantienen a los continentes juntos y le dan al ámbito de la tierra firme sus cualidades de dureza.

La disolución fluye desde el Norte, pero se mantiene en equilibrio gracias a las grandes masas continentales, de modo que la tierra no se vuelva completamente fluida. Desde el Sur actúa la solidificación; las masas oceánicas compensan este poder gigantesco, para que la tierra no se solidifique completamente.

Éstos son los contrastes entre las dos regiones polares. La belleza de los océanos, imbuye a cada paisaje de un elemento ensoñador, intuitivo, pues los cielos se reflejan en sus aguas y hacen que se vean a sí mismos; esta belleza viene del Norte. Y el rigor endurecedor, inherente a todas las islas, que frena las aguas, y que no es un espejo frente a los cielos, viene del Sur. La tierra se hace independiente y se resiste al cielo.

Los pájaros bobos son criaturas de estas fuerzas de voluntad individual. Se reúnen en lugares en los que la condensación de la tierra y la formación de islas tienen su esfera de acción.

2. *¿Pájaro o pez?*

¿Por qué, cuando nos encontramos frente a los pájaros bobos, no podemos evitar sentirnos superiores a ellos, ni dejar de sonreír? Y cuando pensamos en esas pequeñas criaturas que se desplazan erguidas, ¿por qué sentimos una simpatía 'tragicómica' hacia ellos?

¿Es acaso porque es una caricatura del ave? Es un ave, pero no es un ave; no puede volar, y sus alas son dos muñones atrofiados que se mueven arriba y abajo como dos brazos deformados, cubiertos de plumas que más bien parecen escamas. Cuando un pájaro bobo estira sus brazos, su gesto es patético; es entonces cuando se ve que esos miembros deformados nunca podrían elevar su cuerpo redondo en el aire. Pero el hecho de que no pueda volar, más que hacerle ridículo, le convierte en una figura trágica.

El elemento cómico del pájaro bobo tiene otra causa; ¿no viene acaso del hecho de que parece estar imitando al ser humano? En lugar de volar, se yergue al caminar, se pone a 'parlotear' y chillar, y se toma a sí mismo tan en serio, que parece que cree realmente ser alguien. Eso es lo que nos parece, al menos, y nos hace reír. Es como si un pez, cuyas aletas se han transformado en pies, subiera a tierra y se pusiera a pavonearse.

El pájaro bobo es en realidad un ave metamorfoseada en pez. Su hogar es el agua, pues es ahí donde se siente realmente en su casa. Brehms (4) nos dice:

> *Generalmente, nadan unos 30 metros bajo el agua, luego saltan, como pequeños delfines, hasta 30 cm sobre la superficie —seguramente para respirar— y desaparecen de nuevo bajo el agua. Para desplazarse en el agua usan únicamente sus alas; es como si volaran en ella... Y se mueven por el líquido elemento a una velocidad extraordinaria —tan rápido, según Chun, que pueden adelantar a un barco de vapor sin ninguna dificultad.*

Gerlach (5) también expone:

> *Con sus alas no pueden volar, pero bajo el agua usan el gesto de volar para desplazarse. Sus alas-aletas realizan rápidos y amplios movimientos, a un ritmo de 200 batidas por minuto. Los pájaros bobos desarrollan una enorme velocidad en su vuelo acuático, recorriendo 10 metros por segundo.*

De este modo pueden nadar un kilómetro en dos minutos, y treinta en una hora. ¿Es de extrañar, por tanto, que nadie sepa su paradero después de que dejen las islas con sus crías y desaparezcan en el mar? Tal vez su hábitat se extienda desde los mares del Sur hasta el Ecuador.

Cuando llegan a tierra para poner e incubar sus huevos es cuando empiezan a parecernos cómicos. Es como si, en recuerdo de su pasado, comenzaran una vida de aves; los jóvenes machos y hembras se encuentran, construyen nidos, y comienza una respetable vida familiar. El veloz cazador se convierte en un honrado ciudadano. Su erguido porte, y el llamativo diseño y colorido de su 'abrigo' de plumas —con una pechera blanca cubriendo todo su abdomen, y la espalda negra, como una faldilla de frac— le hacen aún más respetable.

Se reúnen a millares, 'parloteando', 'cuchicheando', empujándose unos a otros, quitándose las piedras para los nidos, incluso robando alguna esposa y su bien protegido huevo, pero, pese a todo, son buenos maridos y esposas, y dedicados padres.

Estas características, que han sido cuidadosamente observadas y detalladamente descritas, hacen del pájaro bobo una figura cómica en tierra. Debería ser un ave, pero no puede serlo; le faltan las alas, está atado a la tierra. Para compensar esta carencia, intenta parecer un ser humano, pero sus esfuerzos son vanos. El pájaro bobo vive una existencia frustrada, condenado a dejar su hogar en el mar durante medio año, subir a tierra y vivir en un término medio, para repetir su anterior vida como ave, manteniéndose erguido como un hombre, sin conseguir ser ni lo uno, ni lo otro. ¿Quién no recuerda los encantos y hechizos de los cuentos de hadas, que convertían a los hombres en animales, o condenaban a algún ser a pasar una parte de su existencia en lugares que serían una tortura para él? Pensemos en cómo la hija de Démeter fue enviada al submundo, y sólo se le permitía salir a la luz durante unos pocos meses. Un misterio parecido rodea la vida de los pájaros bobos, cubiertos con una máscara de comicidad y deformidad. ¿Ha tenido Circe, la poderosa hechicera, hija de Helios, parte en todo esto?

3. Aves no voladoras

En las costas e islas del Ártico no hay pájaros bobos. Pero hasta comienzos de este siglo vivían allí unas aves de un tipo muy especial, comparable a los pájaros bobos: la gran alca. Aunque pertenecen a una rama de las aves completamente diferente, sufrieron una reestructuración muy similar. La gran alca también tenía las alas atrofiadas y había perdido la capacidad de volar. En tamaño era como las especies más grandes de pájaros bobos, de unos 90 cm. Como el pájaro bobo, tenía un vientre blanco y un lomo negro. Sus parientes más cercanos son el alca común y el arao común de los acantilados escandinavos.

En tiempos antiguos, la gran alca no sólo habitaba en las islas de los mares del norte; se han encontrado restos prehistóricos en las costas de Dinamarca e Irlanda, e incluso en el sur de Norteamérica (N.d.t.: y también en España e Italia) (6) Los últimos especímenes vivos se avistaron en Groenlandia hacia 1820. Desde entonces estas aves, que eran tan numerosas como los pájaros bobos actuales, han desaparecido de la tierra. En tiempos pasados podían encontrarse en Terranova, Groenlandia e Islandia.

Todos los investigadores mencionan que (las grandes alcas) nadaban con la cabeza erguida, pero con el cuello encogido, y que siempre se sumergían cuando se asustaban. Se sentaban muy derechos en los acantilados, más erguidos aún que las alcas comunes y los araos comunes. Caminaban o corrían a pequeños pasos, rectos como personas; y cuando estaban en peligro, se sumergían en el mar cuatro o cinco metros. (7).

La gran alca criaba en verano y sólo ponía un único huevo.

Por lo tanto, encontramos en el Ártico formas de vida similares a las de los pájaros bobos. Ambos perdieron su status de aves al perder su capacidad de volar y, a cambio, obtuvieron la capacidad de nadar. La gran alca y el pájaro bobo, aunque no se relacionan genealógicamente, tienen el mismo destino. Pero, ¿hay otras aves con un sino parecido? Sabemos que han existido y que existen todavía. En primer lugar la familia de los avestruces. Sus alas están también atrofiadas, y tienen unas plumas tan blandas que no les permiten volar. El cuello y las patas, sin embargo, se han desarrollado mucho, y un avestruz adulto llega a medir dos metros. El casuario australiano, el ñandú americano y la moa neozelandesa (extinguida hace siglos) tienen una estructura parecida. La moa llegaba a medir de tres metros y medio a cuatro y tenía unas patas y cuello poderosos. Y todavía encontramos en Nueva Zelanda el áptero kiwi, aislado y extraño.

Todas estas aves han perdido la capacidad de volar. Por otra parte, han desarrollado (excepto el kiwi) poderosas patas y largos cuellos. Es como si esas partes de su cuerpo hubieran aprovechado la falta de alas. Esto nos hace pensar inmediatamente en el poema de Goethe "La metamorfosis de los animales"(8):

Por dentro, un espíritu parece luchar poderosamente,
Por romper el círculo y manifestar su incontenible voluntad en las formas;
Pero haga lo que haga, es todo en vano;
Porque aunque penetra en este o aquel miembro,
Y lo desarrolla sobremanera, otras partes a su vez comienzan a retirarse,
El lastre del desequilibrio destruye
Toda belleza de la forma y todo movimiento puro.

Se dice que los avestruces y los casuarios se mueven bastante armoniosamente cuando son jóvenes. Pero a medida que crecen, 'el lastre del desequilibrio' de su cuello y patas se hace más evidente, y sus movimientos se hacen cada vez más burdos y torpes. Las alas y la capacidad de volar se han consumido potenciando las patas y el correr. Para poder mantener el equilibrio con la formación de los miembros inferiores, el cuello se ha alargado y alejado del tronco, produciendo así las formas actuales.

Estas aves no voladoras (de nuevo con la excepción del kiwi) viven en las llanuras abiertas. Arena, sol, hierbas bajas y sequía son su mundo. Los grandes avestruces de Madagascar *(Aepyornithes)* fueron exterminados, según Portmann (9) porque:

La progresiva desaparición de las sabanas de muchas partes de Madagascar obligó a la fauna de estos hábitats a migrar a las zonas más pantanosas e impracticables de las selvas vírgenes... En esas regiones boscosas y pantanosas, el avestruz gigante cayó presa de los cocodrilos.

El hábitat de estas aves era la llanura, no los bosques pantanosos; por esa razón desaparecieron.

En todas estas aves predominan las fuerzas de la tierra firme. Sus cuerpos se han secado, sus plumajes se han sofisticado, y el volador se ha convertido en corredor. (En el caso del kiwi, la fuerza de las alas se ha transferido al largo y curvado pico.) También es característico de estas aves el que vivan principalmente en el hemisferio sur de la tierra.

¿No son lo opuesto a los pájaros bobos? Ambos grupos tienen las alas atrofiadas, pero en el caso de los pájaros bobos, sin embargo, el cuello y las patas no se han alargado, sino al contrario. En los pájaros bobos, la cabeza se asienta directamente sobre el pecho; los pies sobresalen de debajo del abdomen como muñones cortos y absurdos. El aire no ha secado el cuerpo, sino que la humedad y la oscuridad lo han impregnado hasta tal punto, que las patas y el cuello han desaparecido dentro de él. Esta forma recuerda a la de la ballena, la foca y el delfín. Los miembros se han convertido en apéndices natatorios porque los cuerpos, redondeados con la grasa, se han hinchado como globos.

En el lejano Norte, así como en el lejano Sur, en los que el frío, la oscuridad y el agua son las fuerzas dominantes, las grandes alcas y los pájaros bobos son la contraimagen del avestruz y el casuario. Pero, ¿se puede adivinar el misterio que rodea la existencia de estas criaturas?

4. El ciclo anual

En las últimas décadas se ha estudiado a fondo el comportamiento de las grandes colonias de pájaros bobos. Se ha descubierto que el ritmo de ir y venir es diferente en cada especie. Los gentús, estudiados por Kearton, que viven en la isla Dassen, al norte de Ciudad del Cabo, regresan a tierra dos veces al año, en marzo y septiembre; en ambos casos ponen e incuban sus huevos, y tienen crías. Estos pájaros bobos también tienden a poner dos huevos, mientras que las otras especies sólo ponen uno.

Los pájaros bobos emperador, estudiados por un grupo de investigadores franceses (10), eligen el invierno antártico, la estación más desoladora que existe, para aparearse y criar a sus pequeños. Aquí no tiene mucho sentido hablar del instinto de conservación de las especies. Los jóvenes machos y hembras comienzan a aparecer en el altiplano helado de la Antártida en abril y mayo. Pasan a la intemperie la más profunda noche polar, el período en el que se producen los peores huracanes y los fríos más glaciales, sin tomar alimentos, cuidando con conmovedora devoción a sus crías recién nacidas.

Por lo que sabemos, la mayor parte de las especies se aparean y crían durante la primavera y el verano antártico. Así se puede decir que no hay un ritmo vital común a toda la familia de los pájaros bobos. Cada especie tiene un ritmo diferente de migración.

No obstante, no cabe duda de que la aparición de los pájaros bobos en sus zonas de anidación es comparable al regreso de las demás aves migratorias. En el caso de los pájaros bobos, el tiempo de cría es tiempo de trabajo y vigilia. Durante esos meses tienen que pasar por el amor, el nacimiento y la lucha; no disfrutarán hasta regresar al acuático país de los sueños, donde reanudarán el juego y el placer. Para los pájaros bobos, el mar es lo que para las aves de nuestros climas es el Sur.

No son aves que hayan ido a parar al agua, más bien han elegido el agua como su paraíso. Anhelan el agua del mismo modo que las otras aves anhelan el lejano país de sus sueños.

En tierra, sin embargo, intentan comportarse como pájaros, aunque no puedan volar. Hacen los ademanes y siguen los hábitos de cortejo de las demás aves. Construyen nidos de muy variadas formas, son monógamos durante años, y están muy atentos a la cría de sus pequeños. Los comportamientos que les relacionan con las demás aves son muy exagerados; a menudo son caricaturas y están distorsionados. Como pueden caminar erguidos, se pueden ver escenas en las que se besan en la época de celo y apareamiento, cuando una pareja se frota los picos y la cabeza entre sí. El joven macho a menudo abre sus pequeñas alas e intenta abrazar a su hembra; esto lo acompañan con todo tipo de ruidos, chillidos y ladridos.

El macho y la hembra construyen juntos el nido. Primero trabaja uno de ellos, y cuando se cansa, viene el otro, hasta que está listo (normalmente el nido es un hoyo en el suelo, una especie de pequeña madriguera). Terminado el trabajo, la pareja se dirige al mar, donde se bañan y cenan juntos. Luego se encuentran con algunos conocidos y parlotean, pasean por la calle principal, y regresan a su recién construido hogar.

El huevo, que se pone tres o cuatro semanas más tarde, es recibido con gran sorpresa y alegría, y, de nuevo, son los dos padres los que lo cuidan e incuban, alternativamente. Es un momento de gran peligro y amenazas. Siempre están al acecho las voraces gaviotas y los ibis, deseando hacerse con los preciados huevos para darse un festín. Poco más de la mitad de los pollos llegan a salir del cascarón, y muchos de ellos son presa de los enemigos y de las inhóspitas condiciones exteriores.

Las crías de los pájaros bobos emperador no tienen nidos donde refugiarse. El huevo se guarda e incuba en un pliegue abdominal y el bebé pájaro bobo permanece durante semanas sobre los pies de su padre, envuelto, protegido y calentado por su abdomen. La madre está lejos, en el mar, comiendo para recuperar fuerzas. Millares de padres esperan en la noche polar, juntos los unos contra los otros. Para resistir las criminales y devastadoras tormentas, forman auténticos pelotones de pájaros bobos, transmitiéndose unos a otros los últimos restos de calor que aún tienen. Bajo ellos están las crías, casi sin plumas, esperando el regreso de los rayos del sol tras semanas de ausencia. La vida de los pájaros bobos no es sólo juego. Cuando están en tierra llevan a cuestas su destino de aves como un recuerdo doloroso y opresivo; sólo experimentan sufrimiento y necesidades.

Ellos deben haber rechazado en otro tiempo su existencia de aves para conseguir una vida diferente, tal vez mejor. De modo que se sumergen en el océano, pero una o dos veces al año tienen que dejar esa vida de ensueño y recordar dolorosamente su existencia como aves. Kearton (11) describe cómo los pájaros bobos de unas pocas semanas de vida aún tienen miedo del agua, y sólo gracias al gran esfuerzo y paciencia de sus padres pueden comenzar los primeros ensayos para nadar y bucear. Kearton añade algo más:

> *Algunas veces, por curioso que sea, parece que imaginan que sus aletas son alas y que con un poco de práctica podrían llegar a volar... He visto a menudo jóvenes pájaros bobos batir sus alas como si estuvieran seguros que ese era el modo de hacerlo... Estos intentos son tan frecuentes que no puede tratarse, en mi opinión, de un calentamiento de músculos simplemente. Tal vez es un legado de otros tiempos... de cuando los pájaros bobos podían volar.*

Seguramente podían. Y si es así, una serie de acontecimientos, o tal vez uno sólo, les llevó a perder la capacidad de vuelo en algún momento. Desde el momento en el que el pájaro bobo dejó de volar, las alas se encogieron y se convirtieron en aletas, lo que les permitió vivir en el agua. Las fuerzas formativas de islas del Antártico y la oscuridad, las fuerzas de las grandes extensiones de aguas, hincharon sus cuerpos, que a su vez absorbieron los brazos y las piernas. Así, de un ave salió un pez; pero un pez que tenía que ser ave cada año, aunque es algo duro y cansado. La raza no seguiría viviendo si no se hiciera este sacrificio en tierra firme cada año.

5. Los dos grandes momentos de la vida de los pájaros bobos

Durante su período en tierra firme, el pájaro bobo se convierte en una caricatura del ser humano. Incluso cae regularmente en una enfermedad recurrente: la muda. La muda es, por supuesto, una característica de toda la familia de las aves, pero en la mayor parte de las aves acuáticas tiene como efecto el que les hace muy inseguros en el vuelo durante varias semanas. Los cisnes, patos y gansos cambian sus plumas de golpe. Se esconden en la espesura de las orillas o en las marismas hasta que su cuerpo se vuelve a cubrir de plumas y pueden volar de nuevo.

La muda en la mayoría de las aves tiene lugar de una forma menos dramática. Las viejas plumas se pierden poco a poco, y son reemplazadas gradualmente por las nuevas. Durante el proceso, las aves parecen abatidas, pero pueden volar y alimentarse.

El pájaro bobo, sin embargo, pasa por la muda como por una enfermedad. Durante varias semanas es incapaz de conseguir comida ya que, del mismo modo que otras aves pierden su capacidad de volar, él pierde su capacidad de nadar. Kearton nos informa que (12) los pájaros bobos que observó mudan las plumas en diciembre. Presienten la llegada de esta enfermedad porque durante los días precedentes comen mucho más de lo habitual para poder tener reservas. "...estos pájaros bobos son como pavos antes de Navidad... Comienzan a engordar progresivamente y, un buen día, comienzan los primeros signos de la muda. Desde ese momento pasan un calvario que dura al menos seis semanas..."

Pierden la fuerza necesaria para sumergirse y nadar. Dejan de buscar comida; el ave deja su nido y vive sin morada, a la intemperie. Se les caen las plumas como a mechones. "Uno puede ver miles de pájaros bobos juntos, mudando las plumas, en grandes espacios abiertos, cada uno más deprimido que su vecino." Y pronto la isla entera se ve cubierta por una capa de plumas de varios centímetros, y habitada por las patéticas figuras que las portaban paseado entre ellas.

Al final de la muda los pájaros bobos están tan enflaquecidos que no pueden sumergirse en el agua debido a su poco peso. Entonces comienzan a tragarse pequeñas piedras de la playa para alcanzar el peso adecuado. "Se les puede ver paseando por la orilla, examinando las piedras, rechazando algunas (porque son demasiado grandes, tal vez, o porque sus cantos no son los suficientemente suaves para ser ingeridas), y tragándose otras hasta que piensan que tienen suficiente 'lastre' a bordo." (13).

Entonces el pájaro bobo vuelve a ser pez una vez más. Se traga las piedras, se endurece y se hace más pesado, y se convierte en una criatura acuática. La muda, durante la cual ha ayunado y sufrido, le devolvió a la raza de las aves. Ahora las piedras le llevan al agua.

¿Cuáles son los puntos clave, las etapas decisivas, en la vida de los pájaros bobos? Cada pájaro bobo tiene dos experiencias especiales. Una debe estar relacionada con la muda. El estado de malestar, enfermedad y ayuno recuerda a aquellos tiempos oscuros en los que renunció a su vida como ave y se convirtió en pez. Por esa razón, ha recibido un castigo anual, el que todas las aves acuáticas deben sufrir. ¿No es muy llamativo el que el pájaro bobo no se retire a su madriguera-nido durante ese período de oscuridad? Busca la compañía de sus iguales, como si pensara que al compartir el sufrimiento, éste se aliviara.

Poco después, sin embargo, se come las piedras, una especie de recapitulación del 'pecado del pájaro bobo'; se convierte en pez, comienza a soñar, y se aleja por las aguas del océano.

El otro momento culminante es la visión del huevo recién puesto. Todos los investigadores hablan de la alegría y sorpresa con la que reciben los padres el huevo, como lo hacen rodar en un sentido y en otro, lo miran desde todos los ángulos, y no se cansan de contemplarlo. ¿Es esto acaso una especie de indicación de lo que Rudolf Steiner dijo una vez sobre la forma del huevo? (14).

> *El huevo no es otra cosa que una imagen real del cosmos... Los filósofos no deberían especular sobre las tres dimensiones del espacio, porque si uno sabe en qué dirección mirar, en cualquier parte se pueden encontrar representados los grandes misterios del mundo. El huevo de la gallina es una prueba viviente de que uno de los ejes del mundo es más largo que los otros dos; su límite, la cáscara, es una verdadera imagen de nuestro espacio.*

Tal vez lo que ocurre es que en los pájaros bobos se despierta un sentido intuitivo de este conocimiento; llegan a esa percepción. Esto es lo que les da la fuerza para incubar el huevo con el mayor afecto y cuidado instintivos, ya que les produce una experiencia profunda.

Aunque los pájaros bobos tienen tan lamentable y ridículo aspecto en tierra firme, tras su disfraz de bufón se esconde la grandeza y tragedia de su existencia. Los pájaros bobos son los ancestros del hombre; solo que en ellos todo está distorsionado y fuera de lugar. Y es que cada tragedia tiene su sátira; y la evolución del hombre tiene en el ser del pájaro bobo su punto de comicidad.

6. El fin último de la existencia del pájaro bobo

Cuando Brehm nos cuenta que "no podemos hacer mucho con lo que los pájaros bobos aportan al hombre", sentimos que es un enfoque desafortunado y poco elevado sobre su existencia. La verdadera cuestión es: ¿cuál es el verdadero sentido de su existencia?

Debemos pensar en el hecho de que este grupo de aves habita un continente que continúa deshabitado por el hombre. Los esquimales aún viven en los límites del Ártico, pero la Antártida, rodeada por el océano, nunca ha sido un hábitat adecuado para el hombre. Las condiciones de vida son tan inhóspitas y hostiles que los hombres sólo pueden permanecer allí durante cortos períodos de tiempo y con grandes sacrificios.

El pájaro bobo, sin embargo, se ha atrevido a penetrar en la oscura y fría soledad de la Antártida. Cada año reproduce de nuevo esta proeza. Son sobre todo los pájaros bobos Adelia y Emperador los que se asientan en las nevadas y heladas planicies del Polo Sur. ¿No están llevando así un poco del destino terrestre a este abandonado rincón de nuestro planeta? Luego, una vez que han terminado su tarea reproductora, los pájaros bobos regresan al mar, nadan en todas direcciones: a las islas Malvinas cerca de Sudamérica, al Cabo de Buena Esperanza, a Nueva Zelanda, a Tasmania, estableciendo un vínculo viviente con las áreas habitadas por los seres humanos.

Los pájaros bobos hacen de vínculo entre el continente antártico y las demás regiones de la tierra, sirviendo de mensajeros anuales entre ellas. No distribuyen pactos o demandas regionales; llevan consigo las mareas de la existencia humana sobre la tierra a las regiones polares del sur.

Tal vez un día, un mejor y más exacto conocimiento de los pocos tipos de pájaros bobos existentes haga posible ver la correspondencia de cada uno con las diferentes razas de hombres, de modo que representen un reflejo de toda la humanidad que rodea el continente antártico. Ya ahora, los pájaros bobos, que imitan al hombre con sus trazos caricaturescos, llevan consigo esta imagen a las lejanas fronteras de la tierra.

Hubo una vez en que todo el reino de las aves era un poderoso espíritu que flotaba y se multiplicaba sobre las aguas. Por esa razón la mayoría de las aves aún pueden abrir sus alas y volar hacia el cielo. Otras han renunciado a volar y se han vinculado y comprometido a la tierra y al agua.

Los pájaros bobos son los primates de la familia de las aves. Tuvieron alas una vez; pero las perdieron demasiado pronto al densificarse, y perdieron la capacidad de volar. En su lugar han aprendido a nadar; y ahora, dos veces al año, se desplazan del mar a tierra firme y de nuevo al mar, proclamando el canto del hombre en el inhóspito Polo Sur.

Es un canto amargo, más como el rebuzno del burro que como el canto de los pájaros. Los pájaros bobos pueden graznar, parpar, ronronear y ladrar; pero su voz sale de dentro, como una llamada en el terrible silencio de la noche polar: ¡Hay vida en la tierra!.

Las angulas

Las migraciones de los salmones y las anguilas

1. Migraciones

Hace unos cuarenta años había gran expectación en la comunidad científica, sobre todo entre los zoólogos y los paleontólogos, debido a un espectacular hallazgo. De las profundidades del Océano Índico se habían extraído varios especímenes vivos de uno de los peces más antiguos de la historia de la tierra, que los científicos daban por extinguido hacía sesenta millones de años. El primero se encontró el 22 de diciembre de 1938, pero en aquel tiempo, cuando comenzaron los primeros indicios de la guerra en ciernes, no se prestó mucha atención. Hasta ahora (1956) se han 'pescado' otros ocho especímenes. El último, el 12 de noviembre de 1954, pudo traerse vivo hasta tierra y murió debido a que no fue suficientemente protegido de la luz del sol.

El nombre de este antiguo grupo de peces es Celacantiformes. En lugar de la 'lucha por la supervivencia' y la 'selección natural', han mantenido la misma forma que sus hermanos y hermanas encontrados como fósiles del Triásico, a comienzos de la era Mesozoica, hallados en Groenlandia, Sudáfrica, Madagascar y Australia. Este descubrimiento no sólo supuso un duro golpe para la Teoría de las Especies de Darwin, lo más importante es que testigos vivos de un período muy temprano de la evolución de la tierra habían llegado a nuestro presente, sin cambio de forma, ni modo de vida, e hicieron un puente que hasta ahora se pensaba que había desaparecido.

Estas ocho criaturas del mundo primigenio vinieron desde los profundos mares que rodean Madagascar y Sudáfrica. En las próximas décadas puede ser que se desvelen tales secretos y se demuestre cómo muchas de las afirmaciones de la ciencia agnóstica sobre el desarrollo de los organismos no son más que lugares comunes. La *Latimeria* (este es el nombre que recibió este pez primordial) es sólo uno de los signos, que será seguido por muchos otros, aunque también ha sido precedido por unos cuantos. Entre ellos está el misterio de las anguilas.

Hace relativamente poco tiempo, durante las dos primeras décadas del siglo XX, se ha echado luz sobre la migración de las anguilas. Ya en los años noventa del siglo pasado, el naturalista italiano Grassi (1854-1925) identificó las formas larvarias de la anguila europea y mostró que el pez llamado *Leptocephalus*, que hasta entonces se había considerado una especie diferente, no era otro sino la larva a partir de la cual se desarrolla la anguila. A comienzos de este siglo el ictiólogo danés Johannes Schmidt siguió estas investigaciones y tras años de estudio concluyó que el Mar de los Sargazos, en el Océano Atlántico, es el lugar de origen tanto de las anguilas europeas como de las americanas. Esa es su cuna, y probablemente su lecho de muerte.

Así fue como se desveló un fenómeno biológico hasta entonces apenas creíble. Las anguilas migran en una procesión regular desde el Mar de los Sargazos, atravesando el Atlántico, hasta las costas de Europa. Este viaje dura entre dos y tres años. Luego remontan los ríos, en los que crecen y se fortalecen, y tras una estancia de entre tres y cuatro años, regresan a las Indias Occidentales.

¡Al Mar de los Sargazos!
Donde es más oscuro,
profundo y oscuro,
está nuestra meta,
principio y final de todas nosotras,
Amor y muerte.

Estas son las palabras que el poeta holandés Albert Verwey (1865-1937) pone en boca de las anguilas. Y es muy posible que principio y final les esperen allí. Pero, ¿por qué, tras vagar durante años por los mares, remontan los ríos millones y millones de ellas? Todo lo que se ha concluido hasta ahora sobre este asunto es demasiado antropocéntrico. Por ejemplo, que las anguilas encuentran mejores condiciones vitales en los ríos, o que regresan al lugar del que sus 'ancestros' proceden, y otras nociones por el estilo. Las condiciones de vida de los ríos son mucho más peligrosas y difíciles que las de cualquier mar; y además, ¿qué significa la palabra 'peligroso' para un animal? ¿Qué significa para un animal la idea de 'mejores o peores condiciones de vida'? ¿Qué significa para un animal hablar del instinto?

El animal vive inmerso en un mundo de hechos y experiencias de las que es parte, que no utiliza para su mayor o menor provecho, pero dentro de las cuales cumple las acciones que le han sido asignadas por una sabiduría superior. Un animal nunca es algo en devenir; sólo el hombre lo es. Un animal es siempre algo completo por sí mismo y al que se le da un lugar en un entorno definido. Dentro de esta existencia fija se produce durante miles de años el mismo acto adscrito a ese grupo, familia o especie.

El animal actúa en el papel que le ha sido asignado durante un cierto período de su vida. Su audiencia son los dioses mismos, que han creado este mundo-escenario fuera de su propio poder. El hombre también actúa en ese escenario; y los dioses le miran también, siguen su papel y a veces incluso intervienen. Pero el hombre también observa su representación en el escenario y sabe que es actor y audiencia al mismo tiempo. El animal es sólo actor.

La *Latimeria* ha tenido que salir al escenario del mundo; y ahora las anguilas están bajo la luz de los focos y pueden verse con claridad. Allí donde las fuerzas terrestres y celestes se encuentran e interrelacionan, ellas, hace miles de años, hicieron de la migración de las anguilas parte de la existencia terrestre. Ahora estas migraciones señalan en la dirección de la época de la evolución en la que comenzaron. Hacia allí es hacia donde debemos mirar si queremos comprender este extraño drama que apareció entonces en la vida de la tierra.

Pero hay muchos tipos de peces que migran; por ejemplo la lamprea y el esturión, el salmón y la trucha; y lo que se acaba de decir sobre la anguila se aplica a todos ellos. El salmón, sin embargo, muestra un tipo de migración y un tipo de vida que es casi el polo opuesto al de la anguila. El salmón, que también remonta los ríos y regresa al mar, tiene su cuna en los nacimientos de los ríos. Allí es donde esparcen los huevos y donde crecen los jóvenes salmones; sólo después, y en diferentes períodos de tiempo, regresan al mar abierto. Posteriormente regresan al lugar de su nacimiento, donde procrean.

Por lo tanto, las anguilas van al mar a crear a su progenie, mientras que los salmones remontan los ríos para aparearse. Las anguilas van desde el mar hasta los ríos y regresan al mar. Los salmones van de los ríos al mar y regresan a los ríos. Tenemos pues unos hábitos opuestos, y un estudio de sus contrastadas relaciones podría traernos luz sobre algo que hasta ahora ha permanecido velado.

2. *Ciclos vitales opuestos*

La ciencia ha acuñado dos nombres para describir esta polaridad; el salmón y todos los peces que salen del mar y remontan los ríos para propagarse son llamados anadromos, y las anguilas, que tienen su cuna en el mar, catadromos. Esta denominación por sí sola no servirá de mucho, a menos que, al mismo tiempo, consigamos elaborar una imagen viva de tal complicado fenómeno. Ya se conocen suficientes detalles para que podamos hacernos una figura completa de los patrones de migración.

Si pudiéramos pasar un año entero en la desembocadura de uno de los ríos que dan al Mar del Norte o al Báltico, y fuéramos capaces de observar a los peces que entran y salen, percibiríamos una sorprendente abundancia de fenómenos. Pero debemos suponer que nuestras observaciones tuvieron lugar a mediados del siglo pasado, cuando aún no había esclusas cerrando los ríos, ni fábricas destruyendo la vida con sus vertidos.

Durante el otoño, desde principios de octubre y a lo largo de todo el invierno, el salmón sale del mar y va a los ríos. Son machos y hembras grandes y maduros, que remontan los ríos hasta su nacimiento. En primavera, estos salmones de invierno son reemplazados por los llamados salmones de primavera, casi todos machos. Entran en los ríos hasta el verano y después hay un período de calma. A finales del verano y comienzos del otoño apenas se ven salmones en las desembocaduras de los ríos. Pero incluso aquí nos encontramos con variaciones en el ritmo entre unos ríos y otros. Así, a comienzos del verano el salmón de San Jaime remonta el Rin y el salmón de San Bartolomé sube el río Elba; luego les seguirán las grandes hembras, y en otoño acabará la procesión de los grandes y pesados salmones.

Pero a comienzos de mayo, en la desembocadura del Rin, entre el 4 y el 18 de mayo más o menos, aparecen los jóvenes salmones, moviéndose en el sentido opuesto. Tienen entre un año y un año y medio, y se dirigen al mar por primera vez. Después de haber pasado su infancia en las montañas, salen al mundo. Aún llevan sus vestimentas de niños, con bandas oscuras, que son gradualmente reemplazadas por el esplendor plateado de las escamas. Con ellos nadan muchos de los viejos salmones, grandes y pequeños; regresan al mar después de la época de apareamiento, completamente exhaustos, luchando por llegar a sus territorios de comida.

El salmón siempre va solo, ya sea bajando o remontando el río; pueden encontrarse en pequeños grupos, pero por accidente. Con las anguilas es bien distinto. Provenientes del Atlántico, aparecen en la costa oeste de Europa a finales del invierno y durante la primavera, un poco antes en Irlanda e Inglaterra, y posteriormente en Dinamarca, Alemania y los países bálticos. Decenas de miles de pequeñas y transparentes angulas, de 6 a 8 centímetros de largo, forman largas columnas que suben por los ríos. Brehm (1) citando a un observador, lo describe de la siguiente manera:

> *Una mañana de finales de junio o comienzos de julio, cuando íbamos al dique del pueblo de Dreenhausen, a orillas del Elba, vimos una línea oscura que se movía a lo largo de todo la orilla del río. Estaba formada por un número incalculable de pequeñas anguilas que remontaban el río cerca de la superficie del agua y se mantenían tan cerca de la orilla que todas seguían sus ondulaciones y curvas... Esta maravillosa procesión de peces continuó sin interrupción o disminución durante todo ese día y el día siguiente.*

Las anguilas que remontan los ríos permanecen en ellos durante varios años y luego, ya transformadas en anguilas plateadas, grandes, oscuras y redondas, regresan al mar. Lo hacen sobre todo en otoño y, de nuevo, no ocurre individualmente, sino en pequeñas y grandes procesiones.

De este modo, las desembocaduras de los ríos se convierten a lo largo del año en la puerta de entrada y salida de billones de peces que mantienen una comunicación viva entre el agua salada del mar y el agua fresca de los ríos y riachuelos. Los salmones y las anguilas han de hacer tremendos esfuerzos para remontar los ríos. Para citar a Brehm (2) de nuevo:

A finales de junio estaba en Ballyshannon, Irlanda, en la desembocadura del río, que el mes anterior se había desbordado. Cerca de una cascada había millones de pequeñas anguilas que luchaban por trepar las húmedas rocas de los bordes del salto de agua y morían a millares; pero sus cuerpos resbaladizos servían de escalera para las demás, permitiéndolas seguir su camino. Las llegué a ver trepar acantilados verticales; se retorcían entre el musgo húmedo o se sujetaban en los cuerpos de las que habían muerto en el intento.

Muy parecida, aunque no tan multitudinaria, es la lucha del salmón. Superan los mayores obstáculos, tales como rocas y cascadas, lanzándose de un reborde a otro de las rocas, llegando así, paso a paso, hasta su meta.

Las anguilas y los salmones se desplazan y nadan a través del largo y ancho río; entran en casi todos los afluentes, riachos y riachuelos, de modo que se mezclan con toda la red fluvial de cada río. Las anguilas gustan más de las grandes extensiones; el salmón prefiere las cabeceras de los ríos. El río, como unidad biológica, está lleno de estos peces y a través de ellos encuentra una conexión estrecha con el mar.

Pero la vida del salmón y la anguila no sólo se diferencia en que una es anadroma y la otra catadroma, pues esta polaridad también se expresa en muchos rasgos individuales.

Las anguilas proceden del Mar de los Sargazos, se crían allí donde la corriente del Golfo, procedente de Florida, y con dirección oeste, gira hacia el norte y fluye a lo largo de la costa de Norteamérica. Es una región enorme, la mayor parte de la cual está bañada por un brazo de la corriente del Golfo. El mar allí es particularmente profundo, y de él surgen las pequeñas anguilas. Las especies americanas se crían en la parte más occidental de esta región y las europeas más hacia el este. De esas profundidades surgen billones de diminutos y transparentes pececillos con forma de hoja, de dos a tres centímetros de largo. Su forma es aún como la de un pez, y, a medida que se acercan a ambas costas, aumentan de tamaño. La migración hacia Europa, que al mismo tiempo conlleva la metamorfosis en angulas, dura de dos años y medio a tres años y medio. Se piensa que la fecundación se produce en el verano, a una profundidad de dos a tres mil metros, y que las jóvenes larvas emergen gradualmente, crecen y, en el curso de su migración hacia el este, se transforman en las redondas angulas. La procesión hacia el oeste es más corta y las angulas americanas son, por lo tanto, más pequeñas que las europeas.

Tan pronto como llegan a los ríos, cambian sus funciones corporales. En su piel se comienza a depositar un pigmento de color marrón amarillento y al mismo tiempo comienza una tremenda ingestión y eliminación de substancias. Durante los estadios larvales, las anguilas no se alimentan en absoluto, sólo comienzan a comer cuando remontan los ríos. Entonces comienzan a crecer rápidamente y a menudo aumentan enormemente de tamaño y peso. Permanecen en agua dulce entre tres y ocho años. Durante el día permanecen ocultas en el fango o en el fondo de los ríos y sólo cazan en la oscuridad. Las anguilas sólo están activas durante la noche; tienen miedo de la luz del día. Louis Roule, uno de los ictiólogos más reputados, escribe (3):

La anguila es una de las criaturas acuáticas nocturnas. Conserva la vivencia adquirida en las profundidades del mar en las que nació... Si se tienen anguilas en un acuario y de repente se les ilumina con un foco de luz, se asustan inmediatamente, corren en todas direcciones y, finalmente se apiñan unas contra otras en el rincón más oscuro, en un intento de huir de la luz que tanto odian... Este miedo persistente e inevitable a la luz es un factor de control en la vida de las anguilas y pone en evidencia que la anguila es ciertamente una criatura de las profundidades.

Pero no sólo le temen a la luz del día. También huyen del frío, y durante el invierno se vuelven inactivas; se entierran en el barro y pasan una especie de hibernación.

De todos los peces de río, son las primeras en enterrarse en el otoño y las últimas en reaparecer en primavera. Su elemento vital es el calor oscuro; huyen de la luminosidad fría.

El salmón es bien distinto. Cuando sale del mar y va hacia los ríos en otoño, todo su cuerpo comienza a brillar. Gerlach (4) lo describe así: "Cuando remontan el río, los salmones cambian de color. En las agallas y costados de los machos brillan manchas rojas, que se extienden incluso por la brillante cabeza azulada. Su vientre se vuelve púrpura. Las aletas se colorean de tonos rosáceos". Vestidos con estos maravillosos tonos, remontan los ríos hasta llegar al nacimiento de los afluentes. Buscan la luz y el frío de las alturas; hacia Navidad, en las aguas heladas y llenas de luz, se produce el apareamiento.

Las hembras ponen enormes cantidades de huevos

en una cavidad que han preparado de antemano con sus aletas, y sobre ellos se extiende el esperma del macho. El apareamiento dura entre una y dos semanas, y después los peces, agotados, desandan su camino hacia el mar.

Como vemos los salmones y las anguilas son polos opuestos. El salmón ama la luz y el frío; las anguilas lo temen, pero aman la oscuridad cálida a la que el salmón no se acerca. Ambos unen los océanos con los ríos, el agua salada con el agua dulce, y viven en el sistema circulatorio de las aguas de la tierra.

3. *La influencia de la luz*

El contraste entre el salmón y la anguila está también ligado a sus diferentes elementos vitales: el agua salina del mar y el agua dulce de los ríos. ¡Y qué grande debe ser la diferencia entre esas generaciones que han sido fecundadas y criadas arriba en las montañas, cerca de los nacimientos de los ríos, y las que han comenzado su vida en las oscuras profundidades del océano! Se supone que las anguilas desovan a una profundidad de dos o tres mil metros. Si partimos de la base de que la altura media de las zonas de reproducción del salmón es de mil metros, la diferencia de altura entre estos dos comienzos es enorme.

Además, la época de apareamiento del salmón es en pleno invierno, mientras que la de la anguila se produce en pleno verano. Los salmones buscan las montañas del norte, mientras que el Mar de los Sargazos, frente a Florida, es una región subtropical.

Los huevos de la anguila se desarrollan en la oscuridad del agua salina, los del salmón en la luz del agua dulce. Estas diferencias cualitativas juegan un papel fundamental en el desarrollo del pez. Porque el agua salina no sólo contiene una mayor cantidad de sales en comparación con el agua dulce, sino que, además, tiene una composición especial en sus elementos químicos que influye profundamente en la vida orgánica que crece en su seno. El agua dulce de los ríos es lo opuesto; es más luminosa, más clara y más rápida, y ciertamente no tiene ese carácter 'incubador' tan típico del agua marina.

Rudolf Steiner hizo una caracterización fundamental de este contraste (5):

> *Si uno investiga realmente el agua marina, descubrirá que apenas tiene conexión con el universo... Los manantiales con su agua dulce, están abiertos al universo, del mismo modo que nuestros ojos miran libremente en el espacio. Por lo tanto podemos decir que en los países donde nacen los ríos, la tierra ve más allá en el universo; los manantiales son órganos sensorios de la tierra, mientras que en el océano salino está la parte inferior del cuerpo, las entrañas... Todo lo que en la tierra tiene conexión con el cosmos viene del agua dulce, y todo lo que tiene un carácter intestinal proviene del agua salada.*

Esto puede ayudarnos a comprender los fenómenos que hemos descrito. Porque es obvio que el salmón pone sus huevos en los 'ojos de la tierra', en los manantiales de los ríos, y desde el mismo principio está ligado a la luz del universo. De ahí viene su colorido, su brillo, su carne 'asalmonada', su tremenda fuerza para remontar los ríos. Está impregnado con la luz universal, que vive y actúa en su cuerpo. Es un pez tejido en la luz, y cuando va de las montañas al mar, lleva consigo esa luz a las grandes extensiones y profundidades del océano.

Las anguilas, procedentes de las profundas regiones del agua salada, permanecen atadas a la oscuridad. Son animales nocturnos que huyen de la luz y tienden a la oscuridad. Sus larvas emergen a la superficie del océano sin color, es decir, sin luz, luego se dirigen a la costa, y pierden la característica forma de pez para tomar una forma de serpiente. Pero tan pronto como llegan al agua dulce, su piel se vuelve amarillenta, para que la luz que les rodea pueda reflejarse. Cuando la anguila crece, se convierte en una 'serpiente de agua' de color amarillo oscuro o verde, que pasa varios años en el río. Del mismo modo que el salmón se exilia al mar para llevar su luz brillante a las profundidades, la anguila se dirige a los ríos para aportar una necesaria porción de oscuridad.

Pero al final de su período en el río, la anguila regresa al mar, 'a su hogar'. Entonces sus ojos comienzan a crecer y el cuerpo toma un aspecto plateado. Porque ahora necesita la reflexión de la luz de la que hasta ahora había huido. La necesita para que sus órganos sexuales adquieran la capacidad reproductora. Lo que el salmón recibe de los manantiales llenos de luz, la anguila lo adquiere por el crecimiento enorme de sus ojos. Ambos necesitan de la luz para reproducirse.

Rudolf Steiner (6) habló también del salmón y describe lo necesario que es para estos animales remontar los ríos, y obtener fuerzas cósmicas para sus órganos reproductores:

La gravedad es la fuerza de la tierra y actúa sobre todo lo muscular y lo óseo. La tierra comparte su sal con nosotros y por eso tenemos fuertes huesos y músculos. Con esta excreción salina de la tierra, sin embargo, no podríamos hacer nada con nuestros sentidos ni con los órganos reproductores, más bien se anularían. Estos [sentidos y órganos reproductores] deben estar siempre bajo la influencia de fuerzas extra-terrenales, celestiales. Y los salmones muestran la diferencia entre el agua dulce y el agua salada. Van al agua salada para tomar fuerzas terrenales y engordar.

Con esto podemos tener una imagen más completa del fenómeno que estamos estudiando. Ahora comprendemos la polaridad entre el mar y los ríos y sabemos que las migraciones que hemos descrito tienen un trasfondo muy significativo. Llevan la luz de los ríos a la oscuridad de los mares, y la oscuridad del océano a la claridad de las zonas de agua dulce. Las anguilas y los salmones son los portadores constantes de una especie de respiración que lleva y trae luz y oscuridad entre el mar y los ríos. Desde las grotescas formas de las profundidades producidas por la oscuridad, hasta las brillantes vestimentas de arenques y sardinas, truchas y carpas —que actúan casi como flechas de luz— luz y oscuridad se entremezclan mutuamente.

Los salmones y las anguilas están inmersos en esta luz y oscuridad; las absorben y son sus mensajeros.

Si conseguimos visualizar completamente este concepto, nos acercaremos a comprender por qué el salmón, cuando remonta el río, siempre regresa al lugar donde nació y creció. Al principio se explicaba que era debido a la herencia, pero experimentos y observaciones recientes han demostrado, sin lugar a dudas, que el salmón no regresa al lugar donde vivieron sus progenitores, sino al lugar en el que él pasó su infancia.

Gerlach (7) informa sobre experimentos de cría en América, cuyos resultados han sido impresionantes:

El río Columbia, al noroeste de los EE.UU., se ha repoblado desde 1939 con salmones 'chinook'. Estos salmones remontan el río. Después de haber nadado 600 Kms, la presa Grand Coulee obstruye su camino. Tiene 180 metros de altura y el agua almacenada arriba es demasiado caliente para el salmón. En 1939, el Servicio Federal de Pesca y Vida Salvaje, bajo la dirección de la Dra. Ira Gabrielson, comenzó a atrapar salmones 120 Kms por debajo de la presa, aprovechando unas rampas especialmente diseñadas para ellos, y los llevaron en grandes tanques a la estación de cría de Leavenworth, donde se fertilizaron artificialmente los huevos. Cuando los alevines eran lo suficientemente grandes como para usar sus aletas, fueron trasladados en tanques a las partes altas de los ríos Wenatches, Eutiat, Okanagon y Methow y soltados allí. Estos ríos confluyen en el Columbia por debajo de la presa Grand Coulee. Los jóvenes salmones 'chinook' permanecieron allí un año, hasta que alcanzaron una longitud de unos 15 centímetros. Luego regresaron al océano y no se les volvió a ver. Debían volver en 1944 para desovar, cinco años después de su nacimiento. Y así lo hicieron. Habían sido marcados con señales en sus aletas al nacer. Los que nacieron en el Wenatches se dirigieron sin dudarlo a aquel río, y los salmones del Eutiat, Okanagon y Methow regresaron también al lugar donde se criaron. No fueron en busca del hogar de sus progenitores — por encima de la presa Grand Coulee.

Este mismo procedimiento se siguió utilizando posteriormente, y el experimento de reubicación fue un éxito rotundo.

Esto muestra la extraña habilidad del salmón para encontrar su camino de regreso a su lugar de origen, a las fuentes de su juventud, después de muchos años de viaje que implican miles de kilómetros. Y es dudoso que esto se pueda calificar como instinto. La herencia tampoco juega un papel aquí; estamos ante un principio de diferente naturaleza. Los peces no pueden 'encontrar' el camino; no tienen capacidades sensoriales ni de discernimiento para poder hacer algo tan complejo. La única consideración posible es que se mueven 'a ciegas', pero del mismo modo en que lo hace un avión, porque tiene un control remoto. Si nos imaginamos que cada salmón individual permanece vinculado a la luz específica de su juventud, y que este rayo de luz sutil le acompaña en todos sus viajes, invisible para el ojo humano, pero perceptible para el salmón, uno se puede acercar un poco a la comprensión de este fenómeno. Al igual que los dos niños del cuento de hadas que dejan caer migas de pan a través del oscuro bosque para poder encontrar el camino de regreso a casa, el salmón deja trazos de luz tras de sí en el mar, de modo que, incluso años después, puede seguirlos al regresar a su lugar de origen. (8)

Para mí es como si los millones de salmones que descienden cada año al mar llevaran esas lucecitas e hilos de luz consigo e iluminaran suavemente la oscuridad del océano. Cuando regresan al río, rehacen el ovillo de luz y lo usan para colorear su vestido nupcial. Este concepto se puede continuar si uno recuerda los peces abisales, que están equipados con absurdas linternas y luces por todo su cuerpo. En ese caso, estas fuentes de luz son visibles para el ojo humano, porque esos peces no desovan arriba en los manantiales, ni reciben la luz invisible en forma de éter lumínico, como don de nacimiento. Los peces de las profundidades tienen que crear estas fuentes de luz desde sus cuerpos y así convertirlas en luces coloreadas, luces trémulas, incapaces de brillar.

Las anguilas plantean un enigma similar, ya que en sus migraciones encuentran los ríos y a su regreso vuelven al Mar de los Sargazos. De nuevo el viaje 'a ciegas' nos ofrece una explicación plausible. Las anguilas provienen de las oscuras profundidades y emergen a la superficie del mar como larvas transparentes, que flotan hacia las costas europeas y americanas. Al principio, sin embargo, no se distinguen las americanas de las europeas: los dos tipos crecen juntos, pero cada larva 'sabe' a cual tipo pertenece. Unas flotan hacia el este y otras hacia el oeste.

Pero si hablamos de instinto, no hacemos más que enturbiar el asunto. Uno puede imaginar que los ríos europeos y americanos irradian una luz muy delicada en la oscuridad del mar y que en el este y en el oeste el tipo de luz tiene una cualidad diferente. Casi la única diferencia entre la larva de anguila americana y la europea es que la primera tiene menos vértebras: una tiene entre 103 y 110, mientras que la otra tiene entre 111 y 119 (9). Es posible que la columna actúe como una delicada antena, y sea la que lleve a un grupo hacia el este y al otro hacia el oeste.

Ante tales enigmas de la vida animal uno no debe

subestimar el entorno y sus grandes diferenciaciones. Sus múltiples fuerzas actúan sobre el animal que ha sido creado a partir de ellas. Una larva de anguila no es más que un complejo órgano sensorial y sólo cuando adquiere la forma redondeada de la angula desarrolla un sistema digestivo y metabólico adicional. Por lo tanto, esa 'antena de luz', la larva, se orienta en la dirección que le indica la luz que percibe. Cerca del río este trazo de luz se hace tan fuerte que la piel comienza a pigmentarse y el animal se transforma en un organismo que se alimenta.

Años después, cuando la anguila madura viaja del río al mar, comienzan a crecer sus ojos; y esto es debido a que la anguila regresa a su oscura patria y se convierte de nuevo en un órgano sensorial. De nuevo deja de comer y anhela la oscuridad de la que proviene. Tanto el salmón como la anguila pasan su vida en una constante interacción de luz y sombra.

Así, podemos entender lo que Rudolf Steiner dijo una vez, y de manera tan vívida, sobre la naturaleza de los peces (10):

> *El pez tiene agua en su interior, pero los peces no se identifican con el agua; se perciben a sí mismos como algo, una envoltura brillante, que contiene agua, que rodea el agua. Pero al agua, los peces la perciben como a un elemento ajeno a ellos, que entra y sale, y al hacerlo les aporta el aire que necesitan. El aire y el agua son percibidos por los peces como algo extraño a su naturaleza física. Pero el pez también tiene su cuerpo etérico y astral. Algo muy característico del pez es que se siente como un recipiente. Y como el agua que contiene ese recipiente permanece en conexión con el resto de los elementos*

acuáticos, el pez experimenta todo lo etérico como en lo que realmente vive. Y no siente lo astral como algo que le pertenece.

Así, el pez tiene la peculiar característica de que es una criatura totalmente etérica. Se siente como el recipiente físico del agua. Siente el agua en su interior como parte de todas las aguas del mundo. Lo húmedo está por todas partes, y en esta humedad el pez siente también lo etérico. Los peces están ciegos para la vida terrestre, pero si pudieran hablar y expresar lo que sienten, dirían: 'Soy un recipiente, pero lo que contengo es el elemento acuático que todo lo penetra, que es el portador del elemento etérico. En ese etérico yo nado.' También diría: "El agua es sólo Maya (N.d.t.: 'ilusión'); la realidad es el etérico, y en el elemento etérico es donde yo realmente nado". Por lo tanto, el pez siente su vida unida a la vida de la tierra y, por lo tanto, participa íntimamente en todo lo que experimenta la tierra en el curso del año: las fuerzas etéricas de expansión del verano, las fuerzas etéricas de recogimiento del invierno. El pez experimenta la respiración de la tierra y percibe el elemento etérico como el proceso de respiración de la tierra.

Aquí nos describe Steiner el extraordinariamente sutil mundo sensorial de los peces; perciben la respiración del mundo etérico terrestre como si fueran antenas sensoriales. Las anguilas y los salmones están impregnados de este elemento etérico; nadan en el agua; pero viven en el flujo etérico de luz y oscuridad, de calor y frío, de sonido y actividad química, de vida y muerte.

Por lo tanto, el salmón está conectado con el curso del año como lo hace el reloj de sol a lo largo del día. En el otoño, cuando el éter de la tierra es inhalado, sube a los manantiales para desovar en mitad del invierno. En primavera migra al mar, en conexión con la corriente de exhalación del éter de la tierra.

También las anguilas regresan al mar en otoño, para desovar en el Mar de los Sargazos en mitad del verano y luego morir.

Ambas especies de peces viven en la interacción de luz y sombra que fluye continuamente entre el mar y los ríos, entre el agua salada y el agua dulce, entre las fuerzas cósmicas y las profundidades de la tierra.

4. La evolución espiritual del salmón y la anguila

Desde que Johannes Schmidt hizo el importante descubrimiento de que el Mar de los Sargazos es el lugar de cría de las anguilas europeas y americanas, muchos científicos han reflexionado mucho sobre el problema del por qué se produce en ese preciso lugar y no en otro. Cada vez parecía más evidente la teoría del desplazamiento de los bloques continentales de Wegener y actualmente un grupo de científicos afirma que las anguilas fueron peces de agua dulce que llegaron al mar a medida que los continentes americano y europeo se separaron.

Muir-Evans (11), por ejemplo, describe cómo el bloque afro-europeo se separó del bloque americano:

Si esto es correcto, uno puede ver claramente a la larva de la anguila europea remontando los ríos orientales, que estaban muy a mano, pero, al separarse los continentes, el viaje de la larva al agua dulce se haría cada vez más largo, hasta llegar a los 5.000 km. Es difícil pensar en términos geológicos, pero sólo esta teoría ofrece una explicación razonable a la migración de la anguila europea.

Eugen Kraus también intentó resolver este problema (12). Fue el primero en señalar que las migraciones de las anguilas estaban en conexión con la corriente del Golfo. También opina que la afirmación de Rudolf Steiner de que la corriente del Golfo fluyó en su día alrededor de la Atlántida puede ser de ayuda en la resolución de este importante enigma.

Sin embargo, si se estudia con precisión la afirmación de Rudolf Steiner, el antiguo continente de la Atlántida no llegó a estar cerca del actual Mar de los Sargazos. Así es como lo explica (13):

> *Este continente estaba rodeado de una corriente cálida que, por extraño que parezca, podía ser vista clarividentemente proveniente del Sur, a través de la bahía de Baffin, para luego dirigirse al norte de Groenlandia, y rodearla.*
>
> *Luego giraba hacia el este, y gradualmente se enfriaba. Mucho antes de que emergieran las masas continentales de Rusia y Siberia, fluía sobre los Urales, cambiaba de curso, rodeaba los Cárpatos Orientales, desembocaba en la región que actualmente ocupa el Sahara y finalmente alcanzaba el Océano Atlántico en las cercanías del golfo de Vizcaya... esta corriente es la actual corriente del Golfo, que en aquél entonces rodeaba el continente atlante.*

Esta línea costera de la antigua Atlántida, cuyo centro se encontraba aproximadamente en la región donde está la actual Irlanda, deja al Mar de los Sargazos muy lejos de sus límites.

La distribución de las anguilas, sin embargo, recorre casi paralelamente esta línea costera. El propio Kraus llega a decir (14):

> *La anguila europea aparece, por tanto, en todas las costas europeas, por toda Escandinavia hasta el Mar Blanco y el Báltico, en el Mediterráneo y en la costa norte Africana, en el mar Negro, desde el mar de Mármara hasta el mar de Azov, y finalmente en Islandia (excepto en las costas norte y noreste).*
>
> *La anguila americana se asienta en las regiones occidentales de Norteamérica hasta Labrador, en el sudoeste de Groenlandia, en la costa norte del Golfo de México, los límites orientales del Caribe, incluidas las Bahamas, las Grandes y Pequeñas Antillas, hasta la desembocadura del Orinoco en la costa noreste de Sudamérica.*

Esto describe la región a la que migran las anguilas hoy día, pero es muy distinta del esbozo de la Atlántida que describió Rudolf Steiner. Puede ser que las anguilas remontaran en su día los ríos de la Atlántida y que, como el continente se hundió, gradualmente se movieran a otras regiones costeras. El Mar de los Sargazos debe haber sido el útero de las anguilas desde las primeras épocas, mucho antes de que la Atlántida existiera. A fin de cuentas son peces y, por lo tanto, pertenecen a los tiempos más antiguos de la tierra.

Han conservado, sin embargo, su peculiar metamorfosis de pez hacia la forma de serpiente, de manera similar a los estadios del desarrollo de la rana y otros anfibios que aún muestran su origen de pez en los renacuajos. Esta transformación de la larva de la anguila en una forma de serpiente es, sin lugar a dudas, un indicador de los cambios por los que ha pasado esta criatura.

Quien haya estudiado la ciencia espiritual de Rudolf Steiner en relación con la evolución terrestre no puede dudar que esta transformación de las anguilas se produjo durante el período en el que la humanidad experimentó la Caída. Es el mismo período en el que la Luna se separó de la tierra, permitiendo así nuevos pasos en el curso de la evolución.

Como los demás peces, las anguilas deben tener su origen arquetípico en la era Hiperbórea, un tiempo durante el cual el sol y la tierra eran un cuerpo celestial, lleno de luz y calor. Pero cuando el sol se separó de la tierra, surgieron los peces como seres animales. Rudolf Steiner indica cómo fue esto (15):

> *[El hombre] sólo tenía una muy fina forma etérica en el tiempo en el que la tierra y el sol estaban unidos. Cuando se separaron, expelió de sí ciertas formas animales, y éstas se quedaron detrás en el estadio de evolución que corresponde al tiempo en que el sol aún estaba dentro de la tierra. De aquellas formas han surgido otras completamente diferentes en el curso del tiempo... Si debemos seleccionar una forma característica que aún perviva hoy día, y que se pueda comparar con las que se quedaron detrás cuando la tierra expelió de sí al sol, deberíamos elegir la forma de los peces... esto es lo que queda como eco de las fuerzas solares.*

Esto, de entrada, arroja luz sobre la evolución de los peces, mostrando que deben considerarse entre los más antiguos organismos. De esos primeros tiempos ha sobrevivido la *Latimeria,* sin apenas cambios hasta nuestros días. Otros peces, probablemente la mayoría, siguieron evolucionando y la metamorfosis de la anguila desde la forma de pez a la de serpiente no es más que una fase de esas transformaciones.

En la misma conferencia, Rudolf Steiner dice:

> *...cuando el sol se separó de la tierra, ésta evolucionó y degeneró; y sólo después de que la luna se retirara, llevando consigo los peores elementos, pudo verse alguna mejora.*
>
> *Hubo, por lo tanto, durante algún tiempo, un desarrollo ascendente hasta la salida del sol; luego un período descendente, donde todo empeoró y se hizo más grotesco; y finalmente, después de que la luna se retirara, se retomó el desarrollo ascendente.*
>
> *De este estadio de la evolución también tenemos una forma que ha degenerado, y que, aunque no se presenta ahora en la forma de entonces, aún existe. Es la forma que pertenecía al hombre antes de que la luna se retirara, antes de que tuviera un Yo. La forma animal que recuerda el estadio más bajo de la evolución terrestre, el período en el que el hombre se sumergió más profundamente en las pasiones y en el que su cuerpo astral era más vulnerable a la influencia exterior, es la de la serpiente...*

La anguila ha conservado esta forma y es aún posible seguir los cambios que llevan de la forma de pez a la forma de serpiente, pasando por la angula y la anguila amarillenta, hasta llegar a la anguila negra y brillante. La anguila es como un recuerdo vivo, que se ha preservado para recordarnos aquel período en el que la forma de la serpiente se desarrollaba hasta convertirse en los reptiles de hoy.

Desde entonces las anguilas se han convertido en portadoras de sustancias venenosas. Su sangre y sus fluidos corporales tienen una acción paralizadora y letal en otros organismos. Esto es un vestigio de ese punto bajo de la evolución de la tierra que señala Rudolf Steiner.

En las leyendas y mitos de los pueblos de Madagascar, Australia, Filipinas y las islas de los Mares del Sur, las anguilas juegan un importante papel. En ellas viven las almas de los muertos e incluso llaman anguilas a sus ancestros. Se trata de una región poblada por una extensa familia de anguilas. Kraus escribe (16):

> *Hay 19 especies, tres de las cuales pertenecen a las zonas templadas y las otras 16 a la zona tropical. En el norte de la zona templada se encuentra la anguila japonesa, que es sorprendentemente similar a las especies atlánticas y por lo tanto destaca de entre las demás especies indo-pacíficas.*

Aquí, en el lugar del que salió la luna de la tierra y donde se encontraba el continente de Lemuria, se encuentra una región de anguilas, tal vez tan importante como la del Atlántico. Aún no se sabe en qué parte del Océano Indico o Pacífico se encuentra el lugar donde se reproducen estas anguilas lemúricas. Podría corresponder al Mar de los Sargazos. Pero que esto suceda en la misma región donde la metamorfosis de peces en anguilas ocurre, es significativo, y Kraus fue el primero en indicar esto con gran énfasis.

El salmón, sin embargo, ha permanecido apartado de este mundo de la Caída. Vive en la luz de los manantiales, donde pasa su juventud, y de allí va al mar como portador de la luz. Es un verdadero pez, que señala en dirección de la época hiperbórea en la que el sol y la tierra eran sólo uno. En el salmón pervive un resto de la claridad que inundaba aquella época terrestre. Su área de distribución es muy diferente al área de la anguila. Brehm escribe (17):

> *Todas las aguas de las regiones templadas de Europa, limitando hacia el sur con los 43° N, y en el Nuevo Mundo hasta los 41° N deben ser consideradas hogar del salmón. Este pez no se encuentra en los ríos que desembocan en el Mediterráneo. En Alemania visita sobre todo el Rin y sus afluentes, el Oder y el Weichsel, aunque también se encuentra en el Elba y el Weser. Se encuentra más frecuentemente en los ríos de Gran Bretaña, Rusia, Escandinavia, Islandia, Groenlandia y Norteamérica, y con menos frecuencia en el oeste de Francia y en el norte de España.*

Esto dibuja un cinturón que rodea casi totalmente la región ártica. El salmón vive en el Viejo Continente y en el Nuevo Mundo como un lazo que rodea el Polo Norte. Y ha permanecido fiel a la región en que surgió. La región hiperbórea se encontraba allí donde se encuentra el salmón actualmente, en el norte, donde la luz y el frío actúan directamente sobre la superficie de la tierra.

El salmón ha permanecido fiel al sol. Cuando esta gran estrella se separó de la tierra, el salmón la siguió, emergiendo del mar y remontando los ríos del norte, subiendo hacia la luz solar, hasta llegar al punto más alto, donde los manantiales se convierten en los 'ojos de la tierra', cerca de su creador. Allí realiza el acto de sacrificio de la procreación y sus pequeños permanecen durante más de un año entregados al ámbito de la luz.

Las anguilas, por otro lado, siguieron el camino de la tierra. Bajaron a las profundidades de los océanos Indico y Atlántico y abandonaron la luz, convirtiéndose en hijas de las tinieblas. Por eso se transformaron en serpientes y se convirtieron en portadoras de la oscuridad. Las anguilas cayeron bajo las fuerzas de la luna, y aún están regidas por ellas como lo estaban entonces. Su color es amarillo y verdoso, como el de la luna creciente. Surgen de las profundidades como la invisible luna nueva con formas transparentes e insignificantes, aumentan su fuerza y remontan los ríos. Pero la anguila sigue siendo un animal nocturno, hechizado por la luna.

Tanto la anguila como el salmón son peces. No obstante, uno sigue siendo un pez puro y por lo tanto un hijo del sol; la otra ha evolucionado, convirtiéndose en vástago de la luna y siguiendo su destino como serpiente. Pero son hermanos, se conocen, y un día, cuando llegue el final de la tierra, se reunirán y se convertirán en hijos de Dios.

En el final del Sermón de la Montaña (Mat. 7:9, 10), Cristo dice:

> *O es que si a uno de vosotros le pide su hijo pan, ¿le va a ofrecer una piedra? O si le pide un pescado, ¿le va a ofrecer una serpiente?*

En estas palabras del Nuevo Testamento vive la afirmación que muestra a pez y serpiente, a salmón y anguila, en su relación mutua de hermanos. Rudolf Steiner resume todo esto diciendo (18):

Los símbolos del pez y la serpiente se derivan de los misterios de nuestra evolución. Es muy natural que una persona sienta placer al ver el cuerpo reluciente de un pez en el puro y casto elemento acuático; produce una sensación de paz; del mismo modo, a quienes tienen una disposición pura, una serpiente que repta les produce una sensación de horror. Estos sentimientos son memorias de cosas por las que se pasó una vez y que tienen sentido.

Testimonio de esto son el salmón y la anguila. Son los testigos vivos de un mundo pasado, pero que aún pervive, y que nuestros sentidos apenas pueden percibir, aunque puede revelarse al entendimiento imaginativo. Es la esfera de la que provienen todos los seres vivos; ese reino en el que los poderes de luz y oscuridad tejen, fluyen y son el origen de todas las criaturas.

Año tras año, las larvas de anguila surgen de las profundidades del Mar de los Sargazos y del Océano Índico; el océano transforma a sus criaturas de peces en serpientes y luego las vuelve a llamar.

Como polaridad a este surgir de las profundidades, están los miles de alevines de los ríos, torrentes y manantiales del norte de América, Europa y Asia. Allí, billones de huevos de salmón, repartidos en un enorme círculo alrededor del globo, son incubados anualmente por la luz; desde la periferia, el joven salmón se mueve hacia el centro, alrededor del Océano Ártico.

Tenemos aquí dos circulaciones opuestas entre sí: una comienza en el centro y la otra en la periferia; una lleva la luz, la otra la oscuridad. Al mezclarse, mantienen la circulación de todas las aguas, que están llenas de luz y de oscuridad.

Y no hay nada en la naturaleza
Que haya sido creado o haya nacido
Que no revele externamente
Su forma interior

(Jakob Böhme)

Los delfines, hijos del mar

1. El interés actual por el delfín

Nadie que haya visto y observado a los delfines podrá escapar a la fascinación que ejercen. Despiertan un sentimiento de alegría y bienestar. Hace algunos años apareció un delfín en Opononi, una pequeña localidad en la isla norte de Nueva Zelanda, y entabló amistad con los niños y pescadores que allí vivían. En poco tiempo llegaron miles de visitantes para ver al sociable animal jugando (1):

> *Algunas personas se entusiasmaron tanto al ver a Opo, que se lanzaron vestidas al agua sólo para tocarle. Por las noches, cuando ya hacía frío para meterse en el agua y el delfín se había ido, todos hablaban de él. En las tiendas de campaña, los campistas comentaban sobre esa maravilla, susurrando para no despertar a los niños. Iban de visita a otras tiendas, y en seguida trababan amistad con desconocidos, y todo por un delfín... Estos sentimientos de amistad eran tan profusos, que parecía que toda esa gente buscaba allí algún tipo de redención...*

Desde la antigüedad se conocen historias similares. Herodoto, Plinio, Plutarco y muchos otros escritores griegos y romanos han registrado encuentros y experiencias llamativas con delfines, describiendo su amistad con niños y jóvenes, y su capacidad de ayuda y autosacrificio para salvar a los que se ahogan. (2)

En las leyendas de Grecia y Roma hay muchas historias de delfines; aparecen en monedas, copas, jarras, lápidas y mosaicos. En ninguna época han estado tan presentes para la consciencia humana. (3)

Aristóteles escribió mucho sobre los delfines en su Historia Animalium (4):

> *En la zona de Tarento, Caria y otros lugares, de entre todas las criaturas marinas, de la que más se ha escrito es del delfín, describiendo su naturaleza amable y bondadosa, y su incondicional afecto hacia los niños. La historia cuenta que después de que se hubiera capturado y herido a un delfín en la costa de Caria, un grupo de ellos llegó al puerto en respuesta a sus gritos y se quedó allí hasta que los pescadores dejaron libre a su compañero; luego, el grupo se marchó. Los grupos de jóvenes delfines siempre están protegidos por otros más grandes. En una ocasión se vio un grupo de delfines, grandes y pequeños, y a poca distancia aparecieron nadando dos delfines que llevaban sobre su lomo a un pequeño delfín muerto...*

Estas y otras observaciones similares (5), demuestran que estos animales no sólo tienen una relación especial con los seres humanos, sino que viven en estrecha relación y cooperación entre sí. Una de sus principales características parece ser que ayudan a los demás; algo poco usual entre los animales, y que merece un estudio detallado. ¿Qué son los delfines, y cuál es su origen?

2. *La familia de las ballenas*

Los delfines y las marsopas pertenecen a un grupo mayor de mamíferos que vive en los mares y en algunos ríos. Pertenecen al orden de los cetáceos. En él se distinguen varios subórdenes: los cetáceos con dientes (odontocetos) y las ballenas (misticetos).

Los primeros tienen, como indica su nombre, mandíbulas plenamente desarrolladas. Las ballenas, sin embargo, no tienen dientes; tienen unas grandes barbas o rejillas, con las que retienen a las pequeñas criaturas que comen.

Las ballenas son los mayores animales que existen, y entre ellas se encuentran la ballena azul y el rorcual común, que se cazan en los océanos Artico y Antártico. Son criaturas misteriosas, cuyo comportamiento y modo de vida aún nos son desconocidos. Sus migraciones, sus apariciones y desapariciones apenas se conocen. Han sido atacadas y explotadas por los hombres durante milenios; pero sus misterios aún no han sido revelados.

Los odontocetos son muy diferentes. Entre ellos también hay gigantes, como el cachalote y la beluga. Ambos han sido muy explotados también, ya que a menudo son de un tamaño similar a las grandes ballenas. Pero tienen dientes; el cachalote, sin embargo, sólo en la mandíbula inferior. También hay un grupo extraño, los narvales; tienen un enorme diente que se extiende hacia delante desde la mandíbula superior, como un cuerno espiral de hasta dos metros y medio de longitud.

Muchos de los odontocetos son muy fieros, y acosan y capturan a cualquier criatura que se encuentren. Ahí está, por ejemplo, la orca, con una aleta dorsal que se yergue como una gigantesca daga. Un biólogo danés, Eschricht, en el siglo pasado, encontró en el interior de una de estas criaturas, que había sido capturada, los cuerpos aún frescos de trece marsopas y catorce focas. La decimoquinta foca se le había atascado en la garganta y le había ahogado. (6).

La marsopa común *(Phocaena)*, vive sobre todo en el Atlántico norte y algunas veces remonta los grandes ríos: el Rin, el Elba y el Támesis. Parece que los odontocetos no tienen dificultad para pasar del agua salada al agua dulce. Incluso se han visto y cazado orcas en los ríos.

Los delfines habitan sobre todo los mares del hemisferio norte, pero son bien conocidos también en las costas de Australia y Nueva Zelanda; en estas regiones abundan los delfines comunes, que están siendo objeto de investigaciones en EE.UU.

Este estudio tan corto e incompleto quiere dar, no obstante, una primera imagen de las ballenas. Según las investigaciones actuales, parece que los misticetos tienen su hogar más en las regiones ártica y antártica, y el de los odontocetos cerca del Ecuador. Los delfines de río (platanístidos), de hocico alargado y en forma de pico, se encuentran sobre todo en países ecuatoriales, por ejemplo en el Ganges y el Bramaputra, y en el Amazonas y el Orinoco. Sólo los odontocetos viven en los ríos, y en regiones templadas y ecuatoriales. Los misticetos habitan los mares que circundan los círculos polares. Este subgrupo, que se remonta a tiempos más antiguos de la tierra, vive más cerca de las zonas polares; los odontocetos, que aparecieron más tarde, se acercan al Ecuador. Los dos órdenes, sin embargo, se superponen considerablemente en su distribución geográfica; no obstante, el esquema general parece ser correcto.

3. *La vida del delfín en el agua*

Hay una característica común a ambos grupos: están totalmente entregados a la vida acuática. Las focas, pinnípedos, aún pasan del mar a la tierra y viceversa. Se aparean y reproducen en tierra, y las crías tienen que aprender a nadar y cazar en el agua. Pero los cetáceos están confinados al agua; no regresan a tierra en ningún estadio de su vida. Sólo si el mar les arroja a la costa, y les es imposible regresar al agua porque se lesionan o baja la marea, se relacionan con la tierra firme, que se convierte al mismo tiempo en su tumba. Son criaturas del mar mucho más claramente que las focas; pese a su naturaleza de mamíferos, han abandonado completamente la tierra firme. Sus pastos son los mares y los ríos.

Sus cuerpos se han adaptado mejor a la vida acuática que los de las focas. Por ejemplo, no tienen patas traseras. Sólo les han quedado unos rudimentarios huesos pélvicos, prueba de que las tuvieron en el pasado. Los brazos se han atrofiado también, y se han transformado en dos aletas, que sólo utilizan para guiar sus movimientos, y no para propulsarse. La mayoría de los odontocetos han desarrollado una gran aleta dorsal, que no tienen las focas. Tienen, por lo tanto, muchas características que les acercan a los peces. Pero la cola tiene una diferencia fundamental. No es vertical, como la de los peces, sino horizontal e independiente de la espina dorsal. Propulsa al animal como un motor, con un rápido y poderoso movimiento rotatorio que puede realizar gracias a su posición. Así es como efectúa los movimientos hacia delante. Los delfines pueden llegar fácilmente a los veinte nudos (37 km./h) de velocidad.

Estos animales son unos artistas del movimiento. No sólo son rápidos nadadores que pueden competir con cualquier barco de vapor, sino que además son grandes saltadores y buceadores. A menudo saltan sobre pequeños botes de pesca, como para jugar con los tripulantes. Pueden saltar varios metros por encima del agua y caer de nuevo con gran facilidad y gracia. Sus juegos son muy variados, y mucho más ágiles que los de las focas.

Pueden hacer equilibrios con una pelota sobre el hocico, lanzar ruedas y atrapar objetos. En el Instituto Marineland de Miami, Florida, se pueden ver delfines jugando con las plumas de las gaviotas; los delfines dejan que se las lleven las corrientes de la piscina, las siguen y las vuelven a traer. Pueden llevar a seres humanos montados en sus lomos por el agua, mostrando a la vez gran velocidad y un gran equilibrio en sus movimientos. Ningún pez podría hacer algo así. Los delfines viven en manadas; pocas veces se les encuentra solos; incluso cuando se relacionan con los seres humanos, suelen estar acompañados por otros delfines. Como ya hemos dicho, se ayudan mutuamente cuando uno de ellos está herido o en peligro.

Alpers (7) cuenta cómo, hace algunos años, siete delfines vararon en una pequeña isla en el norte de Nueva Zelanda. Medían entre dos metros y dos metros y medio, y los veraneantes (amigos de Alpers, que le contaron lo que ocurrió) intentaron arrastrarlos de nuevo al mar. Pero ese esforzado intento de rescate fue un fracaso, debido al sentimiento de comunidad del grupo. En cuanto uno de ellos estaba en el agua, intentaba por todos los medios unirse con sus compañeros. Ninguno quería dejar a los demás en esa situación. Después de muchas horas de esfuerzo, se salvaron dos delfines. Los demás murieron en la arena. Su sentido de comunidad no les permitía salvar sus vidas mientras los otros estuvieran en peligro.

Un comportamiento de este tipo sólo se encuentra entre aves y mamíferos cuando tienen crías. En ese caso, las madres se sacrifican por salvar la vida de sus pequeños. Pero que esto ocurra respecto a todos los miembros de la propia manada es único de los delfines.

Lilly (8) nos cuenta el siguiente suceso:

> *Un delfín que estaba siendo entregado a un acuario golpeó su cabeza contra la pared de la piscina en la que le introducían. Se quedó inconsciente y se hundió hasta el fondo. Los otros delfines le llevaron a la superficie y le sujetaron hasta que volvió a respirar de nuevo.*

Hay muchos ejemplos similares. La madre delfín sujeta a su hijo en la superficie hasta que toma el primer aliento. Esto es debido a que el parto, al igual que el apareamiento, se produce bajo el agua.

Estamos ante unos mamíferos que han entregado su vida al agua, pero que siempre vuelven a la superficie para respirar. Todos los cetáceos, odontocetos y misticetos, pueden vivir en el agua mientras les es posible respirar aire. Esto ocurre con intervalos muy dispares y bajo muy diferentes circunstancias. Se dice que los delfines suben a tomar aire puro y a expirar el aire usado en intervalos de 3 a 5 minutos. Entonces respiran muy rápidamente, intercambiando cada vez de 5 a 10 litros de aire.

De esta descripción se deduce que el órgano que les permite tomar y expeler aire es, para delfines y ballenas, el centro de su vida. Esa es la función que ejerce el espiráculo, situado en la parte superior de su cabeza. Consiste en un pequeño agujero que puede abrirse y cerrarse con una válvula. Los músculos de este complicado órgano están dispuestos de modo que se abre activamente y se cierra pasivamente. Este agujero es como una pupila para el aire, se abre activamente fuera del agua y se cierra pasivamente cuando el delfín se sumerge.

Este punto central en la parte superior de la cabeza no debería compararse con la coronilla del ser humano. Porque la parte ósea del cráneo, en cuyo interior se encuentra el cerebro, comienza después del espiráculo. Éste sólo podría compararse con la zona del nacimiento de la nariz en el rostro humano. Pero el delfín no tiene ninguna nariz exterior, y sólo quedan restos de los canales nasales internos en las cercanías del espiráculo. Lo que parece una nariz es la mandíbula superior, rellena de grasa y aceite. Desde el espiráculo, baja un canal de aire verticalmente, a través de la mandíbula superior hasta la complicada laringe. Desde ella, el aire inspirado pasa por un estrechísimo pasaje hasta las ramificaciones de los pulmones. Toda esta organización para cerrar el espiráculo, y el canal de aire que lleva a él, es un sistema de válvulas y anillos, que puede ser abierto y cerrado independientemente en diversos lugares.

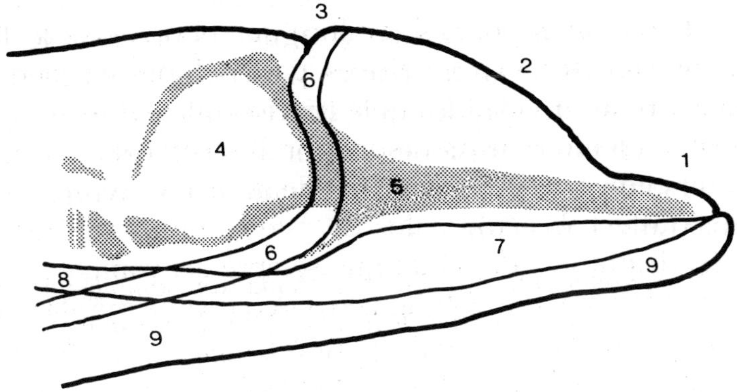

1. Vostral
2. Mandíbula superior
3. Espiráculo
4. Cerebro
5. Hueco de la mandíbula
6. Canal de respiración
7. Interior de la boca
8. Conducto de la comida
9. Mandíbula inferior

Inmediatamente después del espiráculo, el canal de respiración se ensancha en dos almacenes de aire grandes y dos pequeños, simétricamente situados a ambos lados. Estas reservas de aire, que rodean el canal de respiración y están rodeadas de una espesa red de músculos, sirven también para producir sonidos, que pueden ser emitidos tanto dentro, como fuera del agua. La laringe no sólo regula el paso del aire, sino que, además, produce sonidos bajo el agua. Ahora sabemos que los delfines se pueden comunicar de las más variadas maneras. Éstas consisten en chillidos y notas que se prolongan en gruñidos y silbidos, y que emiten en frecuencias inaudibles para nosotros cuando están en peligro y para pedir ayuda a otros delfines. (Los siete delfines que vararon, como ya hemos descrito, se comunicaban en estas altas frecuencias.)

Además, los delfines emiten otro tipo de onda supersónica: en este caso, actúa bajo el principio de resonancia. Los objetos sólidos en el agua —por ejemplo los peces, bancos de arena, barcos y rocas— hacen rebotar estas ondas de sonido, que vuelven al delfín que las percibe como impresiones sensoriales (9). Estas señales supersónicas se envían súbitamente y en diversos ritmos (Lilly 1962) (10):

Aparentemente, éste [este sistema de sonar] no sólo determina la distancia y la dirección de un objeto, sino también la forma. Con esta técnica pueden localizar el pez que quieren comer y distinguirlo de los demás objetos.

Es probable que toda la superficie de su cuerpo sea sensible a estas ondas sonoras. Porque su piel es muy fina y suave, aunque parece invulnerable. Cuando se hacen una herida, desde la capa de grasa inferior emana un aceite que detiene la hemorragia y cierra y cubre la herida.

En la piel del delfín no hay ni un solo pelo, ni siquiera cerdas o bigotes en la cara. Todo es liso y brillante, tal vez para que la percepción de las reverberaciones del sonido sea lo más clara posible.

La nariz está atrofiada, pasando su función al espiráculo y al canal de respiración. Esta atrofia ha provocado la total pérdida del sentido del olfato y de los dos nervios olfativos. Debemos suponer que los delfines no perciben ningún olor cuando salen a la superficie del agua. También se duda de si tienen sentido del gusto.

Pero tienen un sentido altamente desarrollado, el oído, aunque apenas es visible externamente, ya que su posición sólo se adivina por una diminuta abertura detrás del ojo, y a pesar de que el canal auditivo exterior es muy largo, estrecho y curvado en forma de S, los oídos medio e interno han desarrollado una gran complejidad. El hueso que les rodea es muy duro, el más duro del reino animal. Y no crece, como ocurre con el hombre y la mayoría de los mamíferos, unido al cráneo. Sólo está conectado con él por medio de ligamentos y músculos. De este modo, el hueso del oído (el petrosum) se puede mover en casi todas las direcciones y adaptarse a un sonido particular.

El verdadero oído interno, el caracol, es mucho mayor en los delfines que en el hombre. Tiene dos circunvoluciones y está particularmente desarrollado en la parte inferior, que está conectada con la percepción de las notas altas. Los nervios auditivos conectados con este órgano son también mucho más potentes que los del hombre. Uno puede entender este desarrollo tan especial si considera la capacidad de percepción de notas altas y muy altas de los delfines en comparación con otros mamíferos y el hombre. Los seres humanos pueden distinguir notas que se sitúen entre 20 y 20.000 ciclos por segundo. La sensibilidad de los cetáceos, y en particular de los delfines, les permite percibir hasta 140.000 ciclos por segundo.

Podemos decir, pues, que el delfín, y probablemente la mayoría de los cetáceos, son un grupo de animales con una capacidad auditiva muy especial. Perciben su entorno sobre todo a través de sonidos, notas y ruidos. Su ámbito no es el aire que vibra, sino el agua que reverbera. Respiran el aire, pero experimentan su entorno acuático como una realidad sonora y ondulante, en el romper de las olas, en el murmullo constante de las mareas.

¿No es sorprendente que los griegos asociaran al delfín con Dionisos tocando su flauta y con Apolo, el dios de la música y que hicieran a los delfines jugar al son de la lira?

5. El cerebro

Otra característica especial de todos los delfines, marsopas y otros cetáceos es el desarrollo excepcional de su cerebro. Ningún otro animal, incluidos los antropoides monos, puede ser comparado con él. Tanto en tamaño absoluto como relativo, los odontocetos son los únicos mamíferos que se acercan al hombre.

No es sorprendente que criaturas tan gigantescas como las ballenas tengan cerebros enormes. Pesan unos siete kilogramos. Pero los delfines y las marsopas, que no son mucho mayores que el hombre, tienen un tamaño de cerebro similar, lo cual es un fenómeno extraordinario.

Además, la forma, estructura y circunvoluciones del cerebro del delfín son notablemente similares a las humanas. Las circunvoluciones parecen estar comprimidas al fondo; pero la complejidad de su desarrollo no está muy por detrás de la estructura de nuestro cerebro. Las circunvoluciones y pliegues son muy numerosos, y recientes investigaciones han indicado que tiene un número de células nerviosas similar al de la sustancia cerebral humana. Lo mismo se puede decir del cerebelo en todos los aspectos: no sólo es grande, sino además complejo, y similar al del hombre.

Entre los nervios del cerebro, falta el nervio olfativo; sólo aparece en una forma rudimentaria en las ballenas. El nervio visual es también relativamente pequeño. Pero el nervio auditivo destaca por su tamaño. Es, con mucho, el nervio sensorial más altamente desarrollado, y las partes del cerebelo relacionadas con la audición también están muy desarrolladas. La naturaleza nos muestra, pues, la profunda conexión del delfín con el ámbito sonoro.

Pero, ¿por qué es tan grande el cerebro, y tiene esa forma humana? Esta es una cuestión candente para los expertos. Lilly y otros investigadores en EE.UU. escogieron al delfín común como objeto de sus experimentos, porque asumieron que el tamaño del cerebro podría permitir un tipo de comunicación similar al habla. Lilly, por ejemplo, está convencido de que la capacidad de habla está ligada al tamaño del cerebro y que el niño sólo puede aprender a expresarse con el habla cuando ha alcanzado el tamaño necesario de cerebro, alrededor del segundo año.

Tales consideraciones merecen ser tratadas con cierto escepticismo. Pero la cuestión sigue ahí: ¿por qué los delfines y otros odontocetos tienen un cerebro tan altamente desarrollado? Muchos investigadores relacionan esto con su habilidad para el movimiento; otros (Crile y Quirning) creen que el responsable es el sistema metabólico, tan particularmente activo. Pero, pese a haber tantas posibles explicaciones, la respuesta verdadera aún no ha sido encontrada.

En conexión con esto no hay que olvidar el sorprendentemente maduro comportamiento social de los delfines ya descrito, la fuerte conexión que tienen entre sí y su amabilidad hacia los seres humanos. Debemos recordar que los delfines se comportan de manera muy diferente hacia los peces. Es bien sabido que los delfines ayudan a los pescadores en varias regiones de la tierra. Los llaman con silbatos muy agudos; y los delfines conducen los bancos de peces hacia los botes, como perros de caza que llevan las presas hacia los cazadores. Ya Plinio describía casos así, y también Opiano, un gran admirador de los delfines. En nuestros tiempos se pueden hacer observaciones parecidas (11). Los delfines también se comportan de manera muy agresiva hacia los tiburones. Les atacan golpeando sus mandíbulas cerradas contra sus cuerpos y abriendo la herida provocada de esta manera con sus afilados 88 dientes. Pero ningún ser humano ha sido nunca acosado o atacado.

La afirmación de Lilly de que nunca ha visto a un delfín dormir es importante (12):

> *No tienen que confrontarse continuamente a la gravedad, como es nuestro caso, por lo que no tienen necesidad de dormir como nosotros. Hemos descubierto que no pueden permitirse una profunda inconsciencia por ninguna causa —la anestesia, las convulsiones epilépticas, o un golpe en la cabeza lo suficientemente fuerte, les mataría.*

Esto se puede entender si recordamos que todos los cetáceos tienen que subir a la superficie a intervalos más o menos cortos. Si no lo hacen, están perdidos. ¿Es quizás esta la razón del tamaño de su cerebro, que les permite que diferentes partes de la corteza cerebral puedan estar activas por turnos, mientras que las otras partes, agotadas por la consciencia, se recuperan?

¿Cómo, si no, puede conseguirse esta consciencia continua? Hay muchos enigmas esperando una respuesta. ¿No trae el 'siempre-despierto' delfín un elemento de iluminación a las profundidades del océano? Los peces tienen una consciencia opaca, onírica. Los cetáceos, sin embargo, llevan su continua consciencia diurna a las profundidades del océano. Llevan la luz al reino de las tinieblas.

6. *La esencia del delfín*

Poner todos estos fenómenos en una imagen única, abarcante y amplia, que revele la naturaleza y desarrollo de los delfines, es una tarea difícil. Y además, todavía no es el momento de intentarlo, aunque sea de manera provisional.

Imaginémonos los océanos de la tierra, por los que nadan las poderosas ballenas. Surcan las aguas en las regiones polares como recuerdos de una era pasada, 'pastando' los billones de criaturas que componen el plancton, su alimento. A ellas se les unen, desde los trópicos, los cetáceos dentados; desde el poderoso cachalote hasta las feroces orcas, y bandadas de delfines y marsopas. A todos ellos, aunque son mamíferos, el destino del mundo les ha llevado a la vida en el agua. Tienen que subir continuamente de las profundidades para respirar, y esto requiere estar siempre despierto. El sueño, y cualquier otra forma de inconsciencia, les trae la muerte. Por lo tanto, su cerebro es tan grande y tiene pliegues tan complejos como el del hombre. La nariz está dirigida hacia arriba, de modo que su abertura, transformada en un espiráculo, se encuentra en lo más alto de su cabeza.

De este modo, la boca y la nariz, que están tan conectadas en otros mamíferos, están anatómicamente separadas. Entre ellas se ha desarrollado una forma que le da a los cetáceos ese aspecto facial tan peculiar. Los separados ojos vigilan este espacio vacío de la mandíbula superior. Por arriba sale y entra el aire. La clara separación entre alimentación y respiración es una característica especial de los cetáceos. Por el espiráculo le dan a la respiración su lugar específico. Para ellos debe ser como la capacidad de formar imágenes mentales de los seres humanos. Los cetáceos no tienen un proceso respiratorio rítmico, como la mayoría de los demás animales. Su respiración depende de la consciencia, de las circunstancias de sus vidas, de la lucha y el gozoso juego de la existencia.

Además, han perdido el sentido del olfato. Cuando el poder del olfato se reduce, se transforma en otra capacidad. Rudolf Steiner (13) describió una vez cómo la atenuación del poderoso sentido del olfato, tal como existe entre los animales, lleva al hombre al desarrollo de su intelecto. Así el rostro humano no se extiende hacia delante, como en el caso de los rumiantes, predadores y simios, sino hacia arriba y abajo, dejando espacio para la frente y la mandíbula.

¿Pero en qué se transformó el sentido del olfato del delfín? Se metamorfoseó en un sentido auditivo tremendamente desarrollado, que abre las puertas del infinito mundo de las ondas sonoras en el aire y en el agua. El delfín es una criatura que escucha atentamente el mundo, y forma sus imágenes de la existencia a partir de esas percepciones. Por medio de la respiración, esos tonos, sonidos y ruidos se transforman en experiencias conscientes, que probablemente llegarán a ser recuerdos.

Sólo el hombre es observado por el delfín con sus ojos; esto es evidente por las descripciones de Lilly y sus colaboradores. Cuando el hombre, a través sus ojos, mira al delfín, éste se vuelve dócil y amable. ¿No será que surge entonces un recuerdo de tiempos pasados, cuando aún formaba parte del curso de la humanidad? ¿No aparecen en sus consciencias imágenes de su evolución, en el momento en que se cruzan las miradas? ¿No será que, cuando salva a los seres humanos de ahogarse, y los lleva sobre su lomo, es una señal de que desearía ser como ellos son ahora, y de que reconoce su humanidad? Todo esto pertenece al mundo visual del delfín.

Con el oído, vive en el ámbito de la naturaleza, no en el humano. En él caza, reta a sus enemigos ancestrales, los tiburones, y nada como una flecha por el agua. Pero en cuanto aparecen marineros y pescadores con sus barcos y botes, se hace de nuevo amable, alegre y dócil. Es entonces cuando el ojo entra en la consciencia, con la luz y el aire como elemento dominante.

Es como si el delfín viviera en un mundo dividido en dos; entre las alturas del aire y la luz y las profundidades del sonido y el agua. En un mundo, el del aire, se encuentra con el hombre. En la otra esfera, en la que encuentra el alimento, y es su espacio vital como animal, se encuentra con los otros animales, que son sus enemigos o sus compañeros.

Slijper (14) relata que en el Instituto Marineland los delfines se asustaban con sonidos entre los 300 y los 400 kilociclos (desde un do bajo hasta un la alto).

Estas observaciones muestran claramente que nuestro oído y el del delfín tienen un trasfondo afectivo muy diferente: lo que para nosotros es música, a ellos les asusta y espanta; lo que para nosotros es insoportable, como una sirena muy aguda, a ellos les atrae.

Están muy lejos de nosotros y, sin embargo, son parte de nosotros. Pero, ¿qué les llevó a buscar las profundidades marinas y no la tierra firme, cuando se alejaron de la evolución hacia la humanidad?

Una leyenda griega(15) relata cómo el joven Dionisos...

> *...fue capturado por piratas etruscos, cuando estaba en la orilla mirando en lontananza. Le ataron al palo mayor; pero las ataduras cayeron de sus manos y pies. Se sentó, sonriendo, con oscuros ojos. Una poderosa vid creció por el mástil y las velas, y una dulce fragancia de noble vino invadió el barco y embriagó a la tripulación y a su capitán. Sólo el timonel permaneció sobrio y se dio cuenta de que tenía un dios a bordo. Pero Dionisos tomó la forma de un león que amenazó a los marineros; aterrorizados saltaron al agua y se transformaron en delfines que nadaron alrededor del barco. El timonel quedó libre de la metamorfosis. El dios se le reveló como el hijo de Zeus y Semele.*

Para los griegos, el origen del delfín está relacionado con el trabajo del joven Dionisos. Pensaban que el que no puede dominar la fragancia y el poder del vino se convierte en un delfín. El que permanece consciente y erguido, como hace el timonel, puede permanecer en el reino humano. Rudolf Steiner dijo una vez acerca de Dionisos (16):

Lo complementario de nuestra consciencia del yo actual, con su civilización intelectual, con todo lo que se deriva de nuestra razón, y de nuestro yo en general, es el segundo Dionisos, el hijo de Zeus y Semele

Y luego prosigue indicando la otra leyenda, que habla del viaje de Dionisos hacia Asia:

...por todas partes, enseñando a los hombres las artes del campo, el cultivo de la vid, y demás... Todas las variaciones de la civilización intelectual proceden de los viajes del joven Dionisos...

El que no puede dar el paso hacia la consciencia del yo, se queda detrás y se convierte en delfín. Esto, aunque bajo la forma de una imagen mitológica, es una clave para comprender la naturaleza del delfín.

La consciencia humana del yo sólo se puede alcanzar cuando el cerebro se convierte en un reflejo de los pensamientos y las imágenes mentales. A esto se refiere Rudolf Steiner cuando describe los poderes que hicieron esto posible(17):

Cuando los antiguos griegos dirigían su sentir hacia el microcosmos, hacia el hombre, a este elemento procedente de la tierra, y por lo tanto del macrocosmos, le llamaban el principio dionisíaco, un elemento que juega un papel importante en la formación del cerebro. Por lo tanto, es Dionisos el que actúa sobre nosotros, para que nuestro organismo corporal sea un reflejo, un espejo, de nuestra vida espiritual.

Aquí se puede reconocer el sacrificio histórico del delfín. Se arroja al mar desde el barco de la evolución humana, que es guiado por Dionisos. Deja el vehículo del intelecto en ciernes para llevarse consigo las fuerzas de las profundidades, que de otra manera hubieran impedido que el cuerpo fuera el reflejo del pensamiento humano. Los verdaderos hijos de Dionisos están arriba, en la luz; las fuerzas de las profundidades, a las que el dios sólo invoca en determinados momentos del año (en las fiestas dionisíacas) se quedan con los cetáceos, que en su momento libraron de ellas a la humanidad.

Estas fuerzas se ponían en acción cuando sonaba la flauta, cuando Marsias surgía contra Apolo y las fuerzas que se oponían a Dionisos se desataban. A esto se le denominaba en Grecia con la palabra 'delphos', el útero. Estos poderes son los mismos que los griegos consideraban preservados por el poder de Apolo en su santuario central, en Delfos, que lleva el mismo nombre.

7. *Mitología*

La fundación de este santuario se describe en dos leyendas, entre muchas otras; y ambas tienen que ver con los delfines. Una atribuye el origen del oráculo a Eucadio, hijo de Apolo. Él y su compañera la ninfa Licia naufragan. Un delfín les viene a rescatar y les lleva sobre su lomo hasta los mismos pies del Parnaso. Allí, Eucadio dedica el santuario de Delfos a su padre divino.

Pero se dice del propio Apolo que una vez tomó la forma de un poderoso delfín, que apareció en la cubierta de un barco cretense que se dirigía a Grecia. Su majestuosa presencia hizo que el barco se dirigiera a Krisa, el puerto de Delfos. Una vez allí, Apolo saltó a tierra como una estrella al mediodía. De él salían brillantes centellas, y una gloria de luz llegó hasta los cielos. Apolo se presentó ante los aterrorizados y sorprendidos cretenses con la forma de un joven, y les llevó al santuario y les consagró como los primeros sacerdotes de Delfos.

En ambos mitos es un delfín el que origina la fundación del oráculo de Delfos. Éste se convirtió en un santuario especial porque las fuerzas de las profundidades, incorporadas a la Pitia y trabajando a través de los sacerdotes, actuaban allí aunque dominadas y bajo control. ¿Son estas las mismas fuerzas que Dionisos conquistó una vez? ¿O eran fuerzas de las profundidades aún más poderosas?

Una antigua leyenda habla de dos dragones que habitaban a los pies del Monte Parnaso: un macho, llamado Tifón, y una hembra, llamada Delfina. Esta última era considerada la mayor enemiga de Apolo. Para poder vencer a este dragón, Apolo se tuvo que transformar en uno. Éste fue el poder que dominó las fuerzas de la naturaleza, que gobierna los ciegos procesos de autoreproducción y nacimiento en sus continuas repeticiones (para delphos es el útero). A partir de esta forma de 'delfín', Apolo resurge libre, como una estrella, y se convierte en su amo. Así, a través de la Pitonisa, los desenfrenados poderes reproductores de la naturaleza femenina, normalmente indomables, al ser vencidos por el dios solar, pudieron hablar. De esta manera, la imagen de Apolo vive en la consciencia de los griegos y de los pueblos posteriores como el que mata al dragón.

Rudolf Steiner describe esto (18):

Y los griegos imaginaban a Apolo lanzando flechas contra el dragón, cuando éste se elevaba de la sima en forma de turbulentos vapores. Vemos en este Apolo griego un reflejo terrenal de San Jorge, disparando flechas al dragón. Y cuando Apolo vence al dragón Pitón, se construye un templo, y en lugar del dragón, los griegos ven cómo los vapores entran en el alma de la Pitia, e imaginan que Apolo vive en esos remolinos de vapor de dragón y les profetiza por medio del oráculo, a través de los labios de la Pitia.

Apolo tiene que transformarse en Delfina. De este modo consigue el poder para vencer a Pitón. A partir de ese momento su ser puede vivir en los vapores. Apolo tenía, entre muchos otros nombres, el del delfín: Apolo Delfinios.

En relación con la forma del dios solar, nos encontramos con la imaginación del delfín en su ser macrocósmico. Apolo domina los poderes primordiales de la evolución. Los delfines que acompañan al joven Dionisos representan esas mismas fuerzas en una forma humana, microcósmica. En las grandes extensiones de la creación, el dios-luz Apolo conquista las fuerzas oscuras de las profundidades. Dentro del alma humana, Dionisos domina al delfín y hace posible el despertar de la consciencia intelectual.

Los dos caminos iniciáticos que existían entre los griegos indican esta vía. Uno llevaba al discípulo hacia fuera, a los amplios espacios naturales; el otro le llevaba a las profundidades de su propio ser. Pero en Delfos se unían los dos caminos.

En primavera, Apolo venía del norte y se quedaba durante nueve meses en el santuario. En invierno,

Dionisos le reemplazaba. Ambos eran los guardianes de los poderes délficos del submundo que actúan en el ser turbulento y en devenir de la naturaleza.

Nos encontramos en el centro del misterioso destino de nuestro delfín. Las poderosas ballenas parecen el resultado de las actividades de Apolo en el cosmos y en el hombre, y los cetáceos dentados del sur de las de Dionisos.

Podemos preguntarnos ahora por la evolución externa de ambas familias. ¿Qué sabemos sobre esto? En los últimos años se han hecho descubrimientos reveladores en esta dirección. Por medio de investigaciones serológicas se ha probado que los cetáceos están muy estrechamente emparentados con los artiodáctilos (cerdos, camellos, rumiantes). Estos dos grandes grupos parecen tener un común antecesor en el período Eoceno, es decir, a comienzos de la Atlántida. En los últimos siglos se han encontrado algunos especímenes de esta familia, que debió haber tenido muchas ramificaciones y formas. En el reino animal están clasificadas como *archaeocetes*.

Su cuerpo es como el de un dragón. Los miembros están atrofiados, sobre todo los inferiores. Sus cuerpos son enormes. La nariz aún se encuentra en el frente del rostro y está conectada con la boca, como en los mamíferos terrestres. De esta forma original se han desarrollado los ungulados y los cetáceos.

¿No parece obvio que estos mamíferos con forma de dragón vivieran en los pantanos? ¿Por qué, si no, tendrían los miembros atrofiados? Se movían por el agua y se arrastraban; no podían andar. Con el gradual endurecimiento de la tierra se formaron dos grupos diferentes. Uno subió a tierra firme y se desarrolló en los ungulados; el otro se quedó en el agua y se convirtió en los cetáceos. Los cetáceos nunca han sido mamíferos terrestres. Se han transformado a partir de los *archaeocetes* con forma de dragón, bajando a los ríos y mares. Esto se produjo durante la era atlante. Esta transformación del dragón es un proceso muy diferente al que llevó a la extinción de los grandes saurios al final de la época lemúrica. En este caso un dragón —en el que se expresa la naturaleza inferior de la existencia y del hombre— se metamorfosea en una forma superior. Vencen los poderes de la luz y del sol, los actos y sufrimientos de Apolo. Este proceso evolutivo parece haber llegado a su fin hacia el final del período atlante.

En este período se produce un acontecimiento que es descrito por la Ciencia Espiritual como el tercer acto pre-terrenal de Cristo. En aquella época, el ser de Cristo, actuando desde más allá de la tierra, provocó la armonización de los tres poderes del alma humana. El pensar, el sentir y la voluntad se ponen en equilibrio. Rudolf Steiner dice (19):

> *[El ser de Cristo era] capaz de alejar del pensar, del sentir y de la voluntad un elemento que los hubiera desgarrado entre sí como un dragón y los hubiera llevado al caos.*
>
> *En las imágenes que se encuentran en la cultura humana de San Jorge venciendo al dragón, se conserva una reminiscencia de esto.*

Los griegos veían a su dios Apolo en la misma imagen. Esta armonía tuvo una consecuencia maravillosa.

...en el arte musical cultivado por los griegos bajo la protección de Apolo se podía escuchar un débil eco de esto. (20)

De nuevo nos encontramos con la imagen de muchos mitos griegos: Arion, el cantor y arpista, que regresa a su hogar en Lesbos, lugar de nacimiento de Apolo, a lomos de delfines. El hombre recibe el arte de la música por medio del sacrificio de los delfines. Se llevaron consigo los poderes del dragón a las profundidades del agua; de este modo se salvaba algo.

El camino del hombre iba hacia arriba; fue acompañado por los ungulados. Bajo sus pies, la tierra pantanosa que dejaban detrás se fue endureciendo. Los pies se convirtieron en pezuñas. Aparecieron manadas en el suelo firme de las nuevas praderas y estepas que surgieron. Les crecieron ubres y comenzaron a dar leche para el hombre y para el animal. Les salieron cuernos y astas en la cabeza, nuevos y desconocidos símbolos de su destino. Elevaron sus estructuras en el aire, como arquetipos de los instrumentos musicales que le dieron al hombre el arte de las cuerdas. Aparecieron la cítara y la lira, con su perfecta belleza, sobre sus frentes.

Lo que las ballenas tienen como enorme masa cerebral dentro de sus cráneos, en los ungulados se muestra externamente en los cuernos y las astas. En el hombre, la forma y la masa se han transformado en el poder del pensar. La substancia y la forma se han espiritualizado.

En agradecimiento a esto, el corazón del hombre debería llenarse de infinita humildad al mirar a la ballena y al delfín, al buey, a la oveja y al antílope. Por esta razón, el buey pudo ser el primero en dar la bienvenida al Niño que estaba en el pesebre. El buey fue el representante de todos los ungulados y los cetáceos de la tierra, en el lugar mismo de la sagrada pobreza.

Cisnes y cigüeñas

1. El mundo de las aves

Incluso de niños nos damos cuenta de que ha llegado la primavera cuando los pájaros comienzan a llegar del sur. Fuera, el sol se eleva cada vez más alto, y en lo profundo del alma nos embarga la alegría. Las aves, al regresar, traen de nuevo la claridad a nuestros niños. La primavera y el despertar del mundo de las aves van juntos. De hecho, el que otros animales reaparezcan, aparte de las mariposas, que anuncian el verano, no es tan importante.

Durante mucho tiempo, el regreso de los pájaros y del sol deben haber tenido una estrecha relación con el alma humana. Esto era como si la intensificación de la luz y el calor incluyera dentro el mundo de los pájaros. Al igual que los peces pertenecen al agua, las aves pertenecen a la vida del aire, penetrada de esa luz y calor. Ese es su ámbito. En este caso, como por todas partes en el reino de la creación, hay excepciones, pero no hacen más que confirmar la regla.

Las aves desenvuelven su especial actividad, el vuelo, para la que están muy bien equipadas, en este ámbito del aire, la luz y el calor. Normalmente un pájaro no tiene que aprender a volar, lo hace naturalmente. Un polluelo no puede volar desde el principio, pero no porque no sepa, sino porque su cuerpo es demasiado pesado para sus pequeñas y poco desarrolladas alas. A medida que crece, no aprende a volar de sus padres, como es el caso de la cría de la foca, que tiene que ser persuadida por la madre para que se meta en el agua e intente nadar.

El ave vuela, como nada un pez; sus plumas le llevan por el aire. Sólo tiene que entregarse a ellas para elevarse y avanzar. Esta dependencia de las plumas es lo que hace que volar sea algo obvio para el ave. El plumaje está repartido por todo el cuerpo como un maravilloso vestido que le lleva sobre tierras y mares, como la alfombra voladora de los cuentos de hadas. Lo que el ave tiene que hacer es hacerse uno con el calor y dejarse llevar por las corrientes de aire que fluyen sobre la tierra. Siente el viento cuando sopla, el entretejer del calor, el rutilar del aire templado: su ser se une con ellos.

Los músculos del pecho y los miembros del ave son sorprendentemente delicados, en contraste con la fuerza que tendrían que desarrollar si el vuelo dependiera de la fuerza muscular. Las alas se utilizan para despegar y aterrizar, el vuelo depende de las plumas. Las plumas son estructuras misteriosas, que se forman sólo después de la terminación de las principales fases del desarrollo del embrión. Se añaden al cuerpo del ave como si vinieran del exterior, dándole forma y estructura, y cubriendo poco a poco de dignidad y belleza el mísero cuerpo. El plumaje es como una prenda tejida por poderes que no pertenecen a la tierra y al agua, sino al aire, al calor y a la luz.

Con esto, podemos comprender a Rudolf Steiner cuando dice (1) que el ave experimenta sus huesos y órganos del mismo modo que nosotros sentimos el peso de unas maletas o de un equipaje que tenemos que acarrear. "Ustedes no considerarían que ese equipaje es su cuerpo. Del mismo modo, el ave, al referirse a sí misma, se referiría al aire lleno de calor, y llamaría equipaje a todo lo demás que lleva consigo en su existencia terrenal".

El ave sólo se identifica con el aire que respira y le calienta. Todo lo demás es ajeno a ella, no le es propio, sino una carga. Pero este 'equipaje', el cuerpo del ave, está construido de una manera muy especial.

Los órganos internos ocupan un pequeño espacio; se podría decir que están guardados en una 'mochila' entre el pecho y el abdomen. Allí se encuentran el corazón y el estómago, los pulmones e intestinos, los riñones y los órganos reproductivos. Este espacio está casi totalmente cerrado por las costillas y sellado al frente por un poderoso esternón. No tiene vejiga, de modo que la orina y los excrementos pasan por un único canal. Tampoco tiene colon, y el pecho no está separado del abdomen por un diafragma.

En contraste, la cabeza se prolonga en un cuello que parece demasiado largo, o demasiado corto. La cabeza no es realmente una cabeza en su sentido estricto, sino más bien un apéndice, un tallo con ojos, endurecido hacia el frente por el pico. Este pico determina en buena medida la fisonomía de cada género y especie. Uno reconoce al ave por su plumaje, pero sólo el pico indica su linaje.

Los miembros superiores, como no tienen plumas, tienen una apariencia despreciable y deformada. Como las patas permanecen tiesas la mayor parte del tiempo, son tristemente flacas. Parecen pobres, viejas y desvalidas.

Las alas, sin las plumas, sólo pueden ser comparadas con una malformación. Al desplegarlas, son un ejemplo de fuerza, belleza y gracia. En esas alas está la verdadera naturaleza del género de las aves. Les llevan por el aire; les dan vida en el elemento del calor y la luz.

Por esto, Gerlach está en lo cierto al decir, en la introducción de su estupendo libro sobre aves (2): "Las aves son de una materia mucho más ligera que la nuestra. No caminan pesadamente sobre la tierra. La mayoría de ellas tocan el suelo ligeramente con la punta de los pies, siempre preparadas para salir volando. El aire es para ellas un espacio de movimiento sin límites, para ir a donde quieran".

Este material 'más ligero' es en realidad sustancia mineralizada; por ejemplo, el excremento de un pájaro está casi completamente saturado de sales úricas. Todo su cuerpo está como deshidratado. La piel no tiene glándulas sudoríparas; las plumas son una callosidad mineral; las patas y dedos son huesudos y escleróticos.

El cuerpo está lleno de aire, incluso los tallos de los huesos tubulares, por medio de un sistema de bolsas de aire. Así, el cuerpo del ave es un globo, que puede elevarse fácilmente por el aire y flotar en él. Por esta razón, la respiración y los órganos relacionados con ella son el centro de la vida del ave.

Esta estructura corporal permite una segunda actividad, el canto, algo para lo que este género es único. Ninguna otra criatura puede competir con las aves. Algunas especies, como los loros y los periquitos, los cuervos y los estorninos, pueden incluso ir más lejos: imitar los sonidos de la voz humana con tal perfección que pueden llegar a algo parecido a la pronunciación.

Esto no tiene nada que ver con el verdadero habla, sino que proviene de la capacidad del ave para relacionarse con el ámbito sonoro. Puede hacerlo porque el sonido se desplaza por el aire, como el propio ave. Sonido y aire, canto y vuelo, son una expresión del mundo aéreo en el que el viento, el calor y la luz están en continua interrelación.

En este elemento viven las aves. Circundan la tierra con su vuelo y su canto. Imaginar la atmósfera sin aves parece una abstracción. Los cantos y gritos, silbidos y llamadas, graznidos y chillidos de las aves son elementos del aire, como lo son su vuelo, el batir de sus alas, el revoloteo y el aleteo. Con ellos las aves llenan el espacio aéreo de nuestro planeta.

2. *Hábitos alimenticios y de anidación*

El ave toca la tierra sólo en un punto. No cuando sus patas la tocan; éste es un contacto muy fugaz y superficial. Saltar, tropezarse y poner un pie delante del otro no es un contacto. Estos movimientos surgen de la necesaria búsqueda de alimento; no es el ave el que hace necesarias estas acciones, sino su pico. El nido, por el contrario, es una estructura que hace del ave una criatura terrenal. Los nidos se construyen con las más impensables sustancias: tierra y barro, ramas y pequeñas piedras, musgo y hojas, excrementos y arena. La forma y tipo de nido es tan variada como las especies y géneros de aves; cada género construye su tipo de nido.

En este nido se pone la nidada (un número de huevos que es también característico de cada especie) y entonces comienza la incubación. Dentro del nido se crea una especie de manto de calor, una especie de horno en el que se 'cuecen' las generaciones futuras. Es un proceso de cocción arquetípico. Lo que en el caso de los peces, tritones, reptiles e invertebrados llevan a cabo los elementos, en este caso es llevado a cabo por el ave individual. El mamífero ha transferido este proceso al organismo femenino, en el que el útero se ha convertido en un nido orgánico. El ave construye una estructura que se convierte en una incubadora durante unas semanas al año. Luego se transforma en un medio de entrar en contacto con el ámbito terrestre. Aquí, las aves nómadas se convierten temporalmente en sedentarias y terrenales.

De los huevos surgen dos tipos de crías. Uno se presenta rígido y desvalido. El otro, cubierto de plumón y pelusa, es más vivaz y está pronto preparado para la vida y la acción. Al primer tipo le llamamos nidícola (necesitan ser alimentados por otros) y al segundo nidífugo (se pueden alimentar por sí mismos). Lorenz Oken fue el que dividió a las aves en estas dos grandes categorías. Pero sus ideas sobre el tema, que ha desarrollado extensamente en su voluminoso trabajo sobre historia natural (3), no son del todo correctas. Entre la cría nidícola y la nidífuga hay muchas fases transitorias, y su sistema de clasificación, ideado hace más de cien años, ya no es válido (4). Esta dualidad, sin embargo, esconde un principio válido, que hay que entenderlo de la manera correcta. La dualidad existe entre muchas especies, a través de todas las clases de animales, en el contexto del primer encuentro del recién nacido con el mundo.

Así, por ejemplo, tenemos el embrión del canguro, tan dependiente, que se desliza dentro de la bolsa de su madre y se agarra fuertemente con sus labios a las ubres de ella; o las aves de presa, que nacen ciegas y desvalidas, en contraste con los ungulados, que son ágiles y rápidos para ponerse enseguida en pie. Una criatura nidícola es normalmente un tipo de cría que necesita protección para alcanzar, poco a poco, su forma final.

En las aves, este proceso depende del desarrollo del plumaje, que crece sobre un cuerpo miserable, cubriéndolo por capas gradualmente, hasta que el pájaro es capaz de volar. Las plumas pueden ser de dos tipos, el blando plumón y las rígidas plumas de contorno. Las plumas de plumón, que son como una pelusa que cubre y calienta, vienen primero. Las plumas de contorno crecen gradualmente y son las verdaderas plumas de volar. Las famosas plumas de avestruz son plumones, y por lo tanto no sirven para volar.

¿Cuál es la diferencia entre los nidífugos y los nidícolas? No sólo la capacidad de vivir sin protección desde que nacen, hay algo más, que señala en la dirección del proceso de crecimiento de las especies individuales y que está íntimamente relacionado con él.

Las aves nidífugas están mucho más conectadas con la tierra que las nidícolas. Las nidífugas no necesitan esperar para moverse hasta que su plumaje esté completo. Salen del huevo y comienzan con sus actividades. Los polluelos enseguida se ponen a picotear y a moverse; pían incesantemente y, aunque siguen a su madre, ya son independientes. Esto ocurre, por ejemplo, con los patitos en el estanque o los pichones de cisne, que ya el primer día pueden seguir a sus padres en el agua. Si son aves voladoras, adquieren el vuelo más tarde. Pero no es algo absolutamente necesario como expresión de la actividad motriz del ave.

Las aves nidícolas, por otro lado, son ajenas a la tierra. Nacen en el nido como un simple manojo de carne. Y se quedarían allí, desvalidas, si los padres no les ayudaran a seguir adelante. Hay que pre-digerir los alimentos y colocárselos en el pico. La madre tiene que retirar del nido los excrementos acumulados. En los días fríos, hay que protegerlas con calor, pues no son capaces de producir el suyo propio. Sólo cuando les han crecido completamente las plumas de vuelo y de la cola se puede decir que son aves 'completas', capaces de vivir en su propio elemento de luz, aire y calor.

Por lo tanto, podemos hablar de las aves nidífugas como más adaptadas a la vida terrenal y más integradas con el elemento terrestre. Las aves nidícolas, por el contrario, son más cósmicas; se han retirado de la tierra y sólo se relacionan con ella cuando su plumaje se ha desarrollado completamente.

El plumaje es como un manto que cubre al ave cuando ésta ha salido del huevo. Las plumas provienen del exterior. Por ello, Rudolf Steiner dice claramente (5):

El plumaje se forma desde el exterior, y una pluma sólo puede existir porque las fuerzas que actúan sobre la tierra desde el cosmos son más fuertes que las fuerzas que provienen de la tierra misma.

La base de la pluma, lo que se viene en llamar el cañón de la pluma, está sujeta a ciertas fuerzas provenientes de la tierra, pero son las fuerzas cósmicas las que contribuyen a formar todo lo que sale del cañón y constituye el plumaje del ave.

Estas fuerzas formativas cósmicas, que cubren al ave en desarrollo con su manto de plumas, provienen de regiones de las que las aves no se han separado completamente. Porque no puede ser que las aves se hayan elevado al aire desde la tierra, es decir, desarrollándose desde las formas primitivas de reptiles de modo que les hayan crecido alas con el tiempo y hayan aprendido a volar. Tal imagen no sólo no es biológica, sino además, si se analiza a fondo, insostenible. Las aves se han desarrollado desde el aire hacia la tierra. Se originaron en las alturas y se han relacionado, en mayor o menor medida, con la tierra. Un *Arqueopterix* nunca fue el ave arquetípica, sino más bien una forma de ave que 'cayó' demasiado y acabó adoptando formas reptiles. Fue el final de un proceso de desarrollo, no el principio. El *Arqueopterix* murió porque no podía seguir viviendo. A diferencia del hombre y de los mamíferos, las aves nunca han llegado a aceptar la tierra.

Rudolf Steiner indicó esto cuando dijo (6): "Pero en la naturaleza de las aves tenemos seres que no han asumido sus funciones inferiores; en su lugar se fueron al extremo opuesto. No llegaron a descender lo suficiente, en cierto modo... Pero como la evolución continuó, las condiciones exteriores las forzaron a solidificarse..."

Ahora sí que empieza a aparecer el principio fundamental del mundo de las aves. Hay criaturas que se han acercado a la existencia terrestre, pero nunca han sido capaces de hacerla suya. Son seres que se han implicado en el proceso de hacerse animales, pero no han llegado hasta sus últimas consecuencias terrestres. Si lo hubieran hecho, hubieran perdido sus plumas, como les ocurrió a los siete cuervos y a los seis cisnes de los cuentos de hadas. Así, las aves han conservado su plumaje, al igual que los mamíferos han conservado su pelaje, y los peces y los reptiles, las escamas. Han permanecido 'encantados', algunos demasiado arriba, y otros demasiado abajo.

Las aves nidífugas estaban de camino hacia la tierra; la buscaron, pero nunca la alcanzaron. Las aves nidícolas, sin embargo, temían una unión demasiado fuerte con los elementos de la tierra y el agua. Por ello tuvieron que quedarse desvalidas en un nido terrestre, hasta que el plumaje viniera en su ayuda, elevándolas, y dándoles alas.

3. *El cisne*

La gran familia de los cisnes, que habita en muchos lugares del mundo, pertenece al extenso orden de los gansos y patos. Ya conocemos a muchas especies de este grupo; se extienden desde el Ártico y las regiones septentrionales de Asia, Europa y América, pasando por el Ecuador, hasta los continentes del sur. Sólo no se encuentran en el Polo Sur. Los ánades, los somorgujos, los patos salvajes, las ocas, son bien conocidos por todos nosotros. Son sólo una muestra de la rica variedad de especies, colores y estilos de vida que se pueden encontrar en este orden.

Nos son familiares las actividades de los patos salvajes en los estanques y lagos de las llanuras y las montañas. También viven en las bahías y en las dunas, junto al mar, y en otoño vuelan a millares hacia el sur.

Su hogar natural es la región que hace frontera entre

el aire y el agua, allí donde el aire limita con la reflectante superficie de los lagos, estanques, ríos y mares. Todas las aves de esta familia son nadadoras; casi todas pueden volar, aunque para ellas volar es más difícil que nadar. Lo más laborioso y lento es, sobre todo, el despegar y amerizar. Tienen que hacer un enorme esfuerzo con las alas y ayudarse con las patas, que se deslizan sobre el agua, hasta alcanzar cierta altura. Luego es fácil elevarse; una vez en vuelo, avanzan rápidas, con sus cuellos estirados hacia delante y las patas encogidas.

El pico de un pato es tan largo como su cabeza, ensanchándose un poco hacia delante, y está cubierto de una piel suave y muy sensible. Las patas son cortas, a menudo situadas muy atrás, de modo que el andar parece más bien un contoneo. Tienen los dedos palmeados, lo cual le da a las patas una apariencia torpe. Caminar no es lo suyo. Son nadadores y buceadores; su vida se desarrolla en el agua. Sólo suben a tierra para anidar e incubar. Algunos se refugian en bosques cercanos, en pantanos y marismas o incluso en troncos huecos de árboles. Las crías son nidífugas. Pocas horas después de nacer ya pueden ir al agua con sus padres y saben exactamente cómo 'remar' y bucear.

Los cisnes pertenecen a este orden. Se parecen a las ocas y a los patos, aunque son bien diferentes. En seguida dan la sensación de distinción, hasta el punto de parecer ostentosos. Uno puede entender por qué en Gran Bretaña los cisnes son propiedad de la Corona. Son mensajeros reales, enviados de un poder superior. Cuando nadan sobre el agua, con su noble belleza, parece que les rodea un halo de inaccesibilidad. El cuerpo del cisne, cubierto de un plumaje blanco o negro, parece un barco, con su cabeza y pico como un mascarón de proa sobre el largo y curvado cuello, una imagen imponente y soberbia, sobre todo cuando elevan y extienden ligeramente las alas como un escudo que protege el cuerpo.

Los cisnes son las aves más grandes de su orden. Son monógamos; una pareja permanece junta durante años. Si migran (esto sólo ocurre en el hemisferio norte) lo hacen en otoño, y regresan juntos al mismo nido, donde incuban de seis a ocho semanas, y crían a sus polluelos. Una vez independizadas las crías, los padres las dejan y las tratan como a extraños. Para poder asumir su nobleza deben acostumbrarse a vivir por su cuenta.

Brehm (7) describe la distribución geográfica de los cisnes de la siguiente manera:

> *Los cisnes de las nueve especies que hemos descrito habitan por toda la tierra excepto en los trópicos, especialmente en las zonas templadas y frías del hemisferio norte. El área de distribución de cada especie es muy amplia y los desplazamientos habituales de los cisnes son muy largos. Todas las especies migran, pero no siempre. Es frecuente que algunos se queden en el mismo sitio durante el invierno, o que sólo se desplacen dentro de un pequeño territorio.*

El más conocido es el cisne vulgar, que vive en nuestras charcas y estuarios. A menudo se ven grupos muy nutridos cubriendo grandes extensiones de agua. Buscan la cercanía de los hombres. Su hogar son los ríos pequeños que pasan junto a las murallas de las ciudades medievales, los estanques cerca de los monasterios, los silenciosos lagos de los parques, los brazos no navegables de los ríos cuando pasan por los pueblos. El níveo plumaje, el pico rojo y el bulto oscuro que hay sobre él, le dan al cisne su porte aristocrático.

Más al norte vive el cisne cantor *(Cygnus musicus)*. Pertenece a la especie que los griegos veían descendiendo con Apolo hacia Delfos cada año, desde el norte; Apolo era transportado por ellos, trayendo noticias desde la tierra de los hiperbóreos. Muchos observadores hablan de los extraños graznidos, como un sonido de campana, de esta especie. Y se dice que cantan cuando su compañero va a morir. Durante el invierno, dejan su hogar en Islandia y Escandinavia y van a las regiones centrales de Europa. Llegan hasta Rusia y Siberia.

El cisne de cuello negro anida en Sudamérica, desde Perú hasta las Malvinas, y en Brasil. Su plumaje es blanco, pero el cuello y la cabeza están cubiertos de plumas negras. El bulto sobre el pico gris-amarillento es rojo, y las alas son cortas, aunque es un buen volador.

El oscuro cisne negro vive en el sur de Australia y Tasmania. Bajo sus plumas marrón oscuro salen plumas remeras blancas, un recuerdo de sus hermanos del norte.

Esta imagen de la distribución geográfica del cisne muestra claramente que los cisnes pertenecen al norte. El cisne cantor vive en las regiones árticas y el cisne vulgar en las zonas templadas. Pero no hay cisnes en los trópicos. Más al sur sí encontramos las dos especies de color oscuro de Sudamérica y Australia: el cisne negro y el cisne de cuello negro. Esta distribución da la impresionante imagen de que los cisnes habitan por toda la tierra.

Aunque los cisnes son aves acuáticas, necesitan de la

tierra para anidar e incubar. Pero nunca despegan desde la tierra, utilizan el agua como pista de despegue y aterrizaje, aunque se les ha visto despegar y aterrizar en el hielo.

Es comprensible que a estas aves se les haya considerado sagradas. La belleza y dignidad que irradian despierta en el hombre el sentimiento de algo superior. Pero el cisne no es, ni mucho menos, un bondadoso 'caballero'. Se pelea por nada, y se encoleriza mucho y con facilidad. Ataca con las alas y el pico, incluso a rivales más fuertes que él. Su plumaje blanco le da un aspecto de invencible; su coraje es el de un guerrero.

¿No se siente, al ver al cisne, que hay regiones superiores del alma, más allá de lo cotidiano? En la vida corriente, somos gansos y patos, estúpidos e ignorantes, llevados por el dolor o el placer. Pero más allá de esto encontramos al cisne dentro de nosotros: el ave superior del alma que viene del lejano norte y que sólo pasa de visita, para ir luego más lejos. En la Edad Media, si hubiéramos querido entregarnos a esta idea del cisne, deberíamos habernos hecho miembros de alguna de las órdenes de los Caballeros del Cisne que existían entonces. En su escudo de armas aparecía un cisne blanco, que obligaba a los caballeros a elevarse por encima de la existencia de ganso o pato, y llevar una vida al servicio de lo superior.

4. La cigüeña

La cigüeña es otro cantar. ¡Qué diferencia entre el cisne, deslizándose silencioso sobre el agua, y la cigüeña caminando sobre las zonas pantanosas! El cisne esconde sus torpes y cortas patas, que sólo son útiles para remar. La cigüeña camina como sobre zancos, pintados de un rojo llamativo. El pico de la cigüeña es tan largo como sus patas y, a veces, es tan grande y pesado (como es el caso del marabú) que le hace inclinar la cabeza hacia abajo.

Estamos aquí ante un rasgo general de la estructura de las aves: la forma y tamaño del pico se corresponde con el de las patas. Si el pico es pequeño, las patas lo son también. El pico duro y curvado de las aves de presa se refleja en las garras. La armonía entre estos rasgos distintivos de las aves es especialmente evidente en la cigüeña.

Las cigüeñas pertenecen a un orden bastante extraño. Se llaman ciconiformes o zancudas, nombre que hace referencia a su rasgo esencial, su forma de andar. Este grupo está formado por cuatro familias: las garzas, las ibis, los flamencos y las cigüeñas. Estas aves son todas de un tipo, con patas relativamente largas y delgadas, y picos largos y puntiagudos. El cuello, la cabeza y el pico son como una extremidad, que se utiliza para capturar comida con rápidos movimientos serpenteantes. Las zancudas son aves de presa. Comen todo lo que se mueva: ranas y pequeños sapos, lombrices, lagartos, escarabajos, moluscos, peces, incluso pajaritos, gazapos, topos y ratones. Les dan un picotazo y se los tragan de un golpe. Este comportamiento no se corresponde con su apariencia; las cigüeñas parecen mucho más dóciles de lo que son. Pero el color rojo que aparece en varias partes de su cuerpo en algunas especies delata su naturaleza agresiva y guerrera. Se les podría clasificar como crueles melancólicas. Cazan en estanques, lagunas y ríos poco profundos. Viven en las orillas o en los bancos de arena, entre los juncos, cañas, papiros y sauces.

Estas aves, con algunas excepciones, construyen sus nidos en las ramas altas de los árboles o en los tejados, como las cigüeñas, que se han convertido en un vecino habitual de los seres humanos. Recogen grandes ramas para construirlos, y los acolchan con musgo, estiércol, paja y hojas.

Las crías son nidícolas. Durante las primeras semanas están completamente desvalidas. Necesitan ser alimentadas y aseadas por sus padres, y dependen de ellos para protegerse del frío o el calor excesivos. Le debemos a Horst Siewert (8) unas muy precisas observaciones sobre las cigüeñas blancas y negras, que han dado a conocer este proceso hasta los más pequeños detalles. Describe cómo regurgitan las ranas, que han sido predigeridas en el estómago de los padres, cómo las cortan en pequeños trozos y las introducen en los picos de sus hambrientas crías. También cuenta cómo, en las noches frías, los padres se sientan en el nido para calentar a las crías y en los días calurosos, cuando el sol da en el nido, se colocan en el borde de éste para darles sombra.

Las plumas de contorno tardan varias semanas en crecer lo suficiente para que puedan dar los primeros pasos fuera del nido. La joven cigüeña negra, con sus torpes alas, vuela rápido de una rama a otra en el árbol donde está colocado el nido, y luego regresa a él. Hasta que un día, de repente, los padres y los hijos salen juntos para cazar.

Las zancudas, incluyendo las garzas y las ibis, están por todo el mundo, salvo en las regiones más septentrionales. Su hábitat son las zonas de aguas poco profundas y de tierra firme. Cazan en los marjales y marismas, allí donde el agua y la tierra se encuentran, y con sus picos penetran en esas tierras de vida orgánica. Se puede decir que han descendido un poco más abajo que los patos, ya que éstos sólo llegan al límite entre el aire y el agua.

Sin embargo, las zancudas sólo penetran en el encuentro del agua y la tierra con sus patas y picos. El resto sigue en contacto siempre con el aire. Para hacer sus nidos se elevan hasta las copas de los árboles, y allí tienen a sus pequeños y los alimentan.

Las cigüeñas son las únicas aves de este orden que intentan acercarse a la tierra por medio de la vecindad con el hombre, sobre todo las cigüeñas blancas. Construyen sus nidos en los tejados de las casas y establos, y regresan cada año al mismo nido. Los niños las adoran y esperan que les traigan hermanitos y hermanitas. Y los adultos sonríen ante esta superstición o reprueban este sinsentido.

¿Podemos achacar a esta presunción del intelecto el hecho de que las cigüeñas sean cada vez menos frecuentes en el centro y norte de Europa y que ya no regresen a esos lugares? Sabemos muy bien que las cigüeñas no traen a nuestros hijos pero, ¿qué hizo surgir esta imagen interior durante tanto tiempo? Siewert (9) describe una experiencia que tal vez pueda darnos algún indicio de respuesta:

En una pequeña ciudad de Prusia, las cigüeñas aparecieron justo después de acabar la escuela. Los niños salieron a las calles, y un muchachito, tan pronto como las vio, se puso a proclamar su descubrimiento a los cuatro vientos. Todos miraron hacia arriba y rieron ante la visión de las zancudas aves en el cielo claro y brillante. Pero no sólo los niños estaban contentos; muchos adultos miraron hacia arriba desde las estrechas calles y olvidaron que apenas dos días antes habían caído las últimas nieves y que el aire estaba aún frío. Aunque no cayeron de rodillas ante la visión, como hubieran hecho hace doscientos años en honor de las portadoras de la primavera, al menos estaban alegres, ya que, como en los tiempos antiguos, estas aves traían la primavera a estas tierras norteñas, y con ella el sol y el calor del sur, y hacían olvidar el largo invierno con sus sufrimientos.

Siewert tiene razón al decir que las cigüeñas son las portadoras de la primavera, pero hace doscientos o trescientos años, las gentes se arrodillaban ante estas aves, porque sabían que con ellas se acercaban a la tierra las almas de los no nacidos, y que comenzaba el tiempo de la fecundación. Rudolf Steiner indicó, a partir de sus observaciones espirituales, que hasta el primer milenio antes de Cristo, los nacimientos en las tribus germánicas se producían principalmente en la época de Navidad.

Esta verdad mítica fue rechazada y despreciada por el intelecto durante el último siglo, dando lugar a la estúpida y ridícula imagen de que la cigüeña traía a los niños recién nacidos en su pico. Pero detrás de esta imagen podemos discernir el verdadero anuncio que la cigüeña, como portadora de la primavera, traía a la gente del norte. Su peculiar sonido, el crotorar, se puede escuchar en la época de los casamientos, y cuando el Viernes Santo los niños desfilan por las calles de los pueblos con matracas, como en los tiempos antiguos.

La cigüeña blanca venía acompañada, y a veces aún ocurre, por su oscura compañera la cigüeña negra, aunque ésta, sin embargo, no se acerca a los humanos. Construye su nido en árboles altos, en lo profundo del bosque. En otoño regresa con su hermana blanca a África. Ya se han estudiado bien las migraciones de las cigüeñas. Evitan el Mediterráneo, pasando de norte a sur por dos grandes vías aéreas. La ruta del este pasa por Besarabia, las costas del Mar Negro hasta Asia Menor, luego sobre Siria y el norte de Arabia, a través del Mar Rojo hasta el Sudán, y desde allí hasta el sur de África, pasando por el África oriental. La ruta occidental pasa por el sur de Francia y España hasta Marruecos y Argelia, y sobre el Sahara, hasta llegar al Senegal y Níger.

Sólo las cigüeñas participan en este largo viaje, que recorre la mitad del globo, aunque las que viven en el Sudán y en el Nilo Blanco y Azul no migran. Las zancudas, como el marabú, también permanecen donde están y sólo se desplazan cortas distancias en momentos precisos del año. Las aves de esta familia, con un rígido cuello y un gigantesco buche, se alimentan principalmente de carroña. Como los buitres, que también tienen cuellos rígidos, buscan animales muertos, presas abandonadas por otros carnívoros. Tienen formas extrañas, como todas las zancudas de África y la India. Comparadas con ellas, las cigüeñas son como niños, que aún no han sido tocadas por la oscuridad y la necesidad de la tierra y se han mantenido en su pureza original. Las cigüeñas son la forma más cercana al arquetipo de todo el alma-grupo de las zancudas. Las otras especies se han enmarañado demasiado en los cenagosos ámbitos terrenales. El marabú es el que más bajo ha caído. Por eso es carroñero, y podría llamarse la hiena de las zancudas.

La cigüeña más doméstica es un caso aparte. Deja las regiones de África, bien provistas de alimento, y viaja cada año al norte para llevar su mensaje a los humanos.

Desde que los hombres comenzaron su camino hacia la libertad, sin embargo, y sus niños nacen en cualquier época del año, la misión de la cigüeña ha llegado a su fin. Desde el comienzo del siglo han ido desapareciendo de Europa Central y del Norte. Han comenzado a asentarse en África del Sur, y muchas familias ya anidan allí. ¿Van a hacer de esa tierra su hábitat y a olvidar Europa? El destino de las almas-grupo de los animales es tan variado como el de cada hombre individual. Sólo algunas veces se nos permite tener un atisbo de su verdadera función.

5. El mensaje de los cisnes y las cigüeñas

Entre los cuentos de hadas recogidos por los hermanos Grimm se encuentra el cuento de los seis cisnes. Habla de un rey que se perdió en lo profundo del bosque mientras cazaba, y llegó a una casa en la que le esperaba una hermosa joven. Pero su madre era una bruja, que le obligó a casarse con la muchacha. Sólo así le mostraría el camino de salida del bosque. Y así fue; el rey se casó con la hija de la bruja, pero escondió a los hijos que había tenido de su primer matrimonio —seis niños y una niña— en un castillo solitario, al cual él llegaba gracias a un ovillo mágico que un hada le había regalado, y así iba a menudo a visitar a sus hijos. Pero la bruja, con su magia, consiguió el poder sobre el hilo mágico y encantó a los seis niños, que se encontraron con ella en el camino al castillo, y los convirtió en seis cisnes. La niña, que se había quedado en casa, se salvó de esta transformación.

Esta es la primera parte del cuento, formada por dos historias entrelazadas. La primera historia habla de un rey, de un hombre que se ve atrapado en el mundo terrestre del oscuro bosque y es obligado a casarse con la belleza aparente, la hija del pecado original. Los sagrados frutos del primer matrimonio, libres de pecado, están escondidos en un castillo inaccesible. ¿No es este castillo, que sólo se puede alcanzar por medio de un hilo mágico, el lejano norte, la tierra mítica de Hiperbórea? La magia puede entrar allí y transformar a los niños en cisnes, pero no puede destruirlos. Los seis hermanos encantados son poderes ocultos del alma, que serán redimidos algún día. Apolo viaja cada año desde el norte hasta Delfos montado en esos poderes del alma, los cisnes, para llevar las fuerzas solares de renovación a los hombres.

Son las mismas fuerzas que adquirían los iniciados de tercer grado, que eran llamados Cisnes por esa razón. Rudolf Steiner (10) dice:

El tercer grado de iniciación era el del cisne. Un 'cisne' es el que ha progresado hasta tal punto que las cosas le hablan, incluso las que tienen su consciencia muy ele-

vada... Uno debe elevarse a los mundos superiores para encontrar el 'yo', el nombre, de los otros seres. Estas cosas dicen sus propios nombres... Los iniciados del cisne no podían llevar sus propios nombres, y sin embargo el mundo entero les revelaba los suyos.

Esto permite comprender la segunda historia del cuento de hadas. La hermana de los seis cisnes recibe la tarea de permanecer callada durante seis años, un año de silencio por cada hermano. Al mismo tiempo tiene que tejer seis camisas con flores de forma de estrella. La niña decide realizar estas tareas. Se va al bosque, encuentra una rama donde sentarse en un gran árbol, y comienza el trabajo. Llega un segundo rey al bosque, con sus cazadores; se encuentran con la muchacha, y aunque se resiste, es bajada del árbol. El rey la lleva en su caballo y la hace su esposa. La muchacha sigue silenciosa, aunque la malvada madre del rey la insulta continuamente y le roba a sus hijos recién nacidos. Pero ella sigue fiel a sus cisnes. Finalmente, cuando está en la hoguera para ser quemada viva, justo acaban de pasar los seis años. Llegan los seis cisnes; ella les lanza las seis camisas, y los seis hermanos se unen de nuevo con su hermana. Ahora la muchacha ya puede hablar y convence a su esposo de su inocencia. Así es como se cumple el destino de los cisnes*.

Este voto de silencio también se encuentra en la saga de Lohengrin. La saga habla del hijo de Perceval, que es llevado por un cisne a la tierra de Brabante para poner paz allí. Él también tiene un voto de silencio, aunque el silencio es sólo sobre su nombre.

* Ver "Todos los cuentos de los Hermanos Grimm". Ed.R.Steiner

El cuento de los seis cisnes, por lo tanto, cuenta dos historias. Una que tiene que ver con el encantamiento y otra con la redención de los seis hermanos. El encantamiento se produce por medio de la mujer del primer rey; la redención por medio de la esposa del segundo rey, la hermana de los seis cisnes. La primera parte es una historia del hombre pre-cristiano; en ella aparece disfrazada la saga de Apolo. La segunda parte llega a la época cristiana y cuenta la saga de Lohengrin en forma de cuento de hadas. En ambas partes aparece misteriosamente el cisne.

Hay una indicación de Rudolf Steiner en la que se explica el profundo trasfondo de las órdenes medievales de los caballeros del Cisne. Se nos cuenta cómo, durante los primeros siglos cristianos, la frontera entre los vivos y los muertos no era tan infranqueable como ahora (11):

> *Los muertos permanecían entre los vivos. Los personajes más destacados y respetados, durante el primer período después de su muerte..., pasaban, por así decirlo, su noviciado en la santidad.*
> *Para la gente de aquel tiempo no era extraño hablar de los muertos vivientes como de personas reales. Muchos 'muertos vivientes', sobre todo los más preeminentes, al nacer al mundo espiritual, eran nombrados 'Guardianes del Santo Grial'.*

Luego explica, que algunos hombres en la tierra se convertían en representantes de esos guardianes, y que se unían en las diferentes Órdenes del Cisne. "Eran personas que querían que los Caballeros del Grial pudieran actuar a través de ellos en el mundo físico".

Así es como la imagen del cisne tiene relación con el actuar de los muertos ilustres. Su ser representa a los que se han ido, a lo que el hombre ha perdido en la tierra. El alma siente que se ha convertido en un pato o un ganso en un cuerpo terrestre; que la naturaleza del cisne le ha eludido, y que su tarea debe ser buscarla y recuperarla. El alma se identifica con la hermana de los seis cisnes y puede encontrar en ella un ejemplo de la fuerza de supervivencia en el dolor y la pobreza de la tierra hasta que se le aparecen de nuevo los perdidos hermanos cisnes. Así fue cómo Lohengrin se dirigió a Elsa de Brabante y sirvió a las fuerzas del emperador Enrique I en la batalla contra los húngaros. Desde entonces ha habido muchos caballeros del Cisne, que aparecen en los momentos de necesidad y sufrimiento como mensajeros de la liberación. El alma puede entonces tejer las camisas con 'flores de estrella', para estar preparada para las bodas cósmicas al final del período de pruebas.

En tiempos pre-cristianos, las fuerzas del alma estaban 'encantadas'. Se convirtieron en los seis cisnes, que en la antigua iniciación se desencantaban sólo en la tercera fase. En tiempos cristianos, sin embargo, algunos hombres consiguieron convertirse en portadores o receptáculos de los muertos ilustres, a veces incluso sin una enseñanza interior.

Esto quiere decir que se convirtieron en mensajeros, en Caballeros de la Orden del Cisne.

En la épica medieval de Lohengrin hay un pasaje que revela claramente el poder cristiano del Cisne. Mientras el cisne lleva a su señor sobre el mar en un barco, Lohengrin le pide comida. El cisne sumerge su cabeza bajo las olas:

Como si fuera a pescar.
Y ve cómo una ola
Lleva una hostia en su boca.
El caballero la ve seca y pura,
Y el cisne se la tiende con el pico.
Él la toma con gran regocijo,
Y come una mitad, dando la otra al cisne.
Nunca ave ni señor tan bien fueron alimentados.

Tras esta refección, el cisne comienza a cantar y entonces Lohengrin le reconoce: "Este que me lleva sobre las olas, es, en verdad, un ángel puro".

La cigüeña nos presenta una imagen diferente. Su venerable hermana, la ibis, era un animal sagrado en el antiguo Egipto. Era tan venerado, que se le embalsamaba y enterraba en tumbas especiales. Matarlas estaba castigado con pena de muerte, incluso si era accidentalmente. El tres-veces-grande Thot, al que los griegos llamaban Hermes Trimegistos, era a menudo representado con cabeza de ibis. En los jeroglíficos era una ibis estilizada. Sobre su cabeza Thot-ibis tenía una luna creciente, sobre la que se dibujaba un disco solar. Thot fue el iniciador de la cultura egipcia. Era el dios del habla y de la escritura, y también se le representaba con un estilete en la mano.

Lo que la ibis fue para los egipcios, luego pasó a ser la cigüeña para los pueblos del norte. Era lo suficientemente sabia como para indicarles la llegada de las almas nonatas, que estaban preparadas para encarnarse en la tierra. Aunque la cigüeña, como el cisne, lleva un manto blanco, evocaba una imagen bastante diferente en el alma. Las suyas no eran fuerzas del corazón, sino de la sabiduría. Ante el alma no era eternamente joven, como el cisne, sino vieja y astuta como una comadrona.

El cisne está relacionado con lo que se ha ido, la cigüeña con lo que aún no ha nacido, con lo que está por venir. La ibis y Thot estaban relacionados con la luna; el cisne con el ámbito solar. Así, los cisnes de Apolo provenían del ámbito de Hiperbórea, en el norte.

Las cigüeñas venían cada año de las regiones 'lunares' del sur, de la zona lemúrica, hasta el norte de Europa. La sabiduría y la humildad se equilibraban con estas migraciones. Las almas ascendentes de los muertos, en su camino hacia las regiones solares, se encontraban en la región habitada por el espíritu de los cisnes. Las almas que regresaban a la tierra desde la esfera de la luna estaban relacionadas con las cigüeñas.

La capacidad de sacrificio del cisne le ha permitido afirmar su relación con la tierra; se ha convertido en un ave nidífuga. La inteligencia de las cigüeñas les impide tener una conexión fuerte con la tierra. Son aves nidícolas.

Así es como nos han llegado estas dos especies, con su contraste y a la vez con su efecto conjunto sobre el alma. Son como imágenes recuerdo que han permanecido vivas desde los tiempos pasados de la humanidad. Una vez, estuvieron unidas con las almas de los hombres. Pero las sustancias terrestres se hicieron duras e impenetrables, y sólo algunas almas humanas pudieron retomar y habitar sus cuerpos. Se convirtieron en aves: les creció la dura córnea sobre sus alas etéricas, que se convirtieron en órganos terrestres e hicieron posible que pudieran sobrevolar el planeta. No obstante, han permanecido unidas al sol y, de este modo, también al ámbito anímico del hombre.

Desde entonces su destino ha tomado muchas formas y les ha asignado muchas tareas. Unas se perdieron; otras se convirtieron en cantoras; otras se acercaron y juntaron con los hombres, como las gallinas, las palomas y los gorriones. Las cigüeñas y los cisnes se han quedado conectados con la parte superior del alma humana. Son una indicación del destino humano: nacer y morir, ser sabio pero llevar la humildad en el corazón, y un día, tal vez, convertirse en un caballero del cisne. Cuando esto ocurra, la cigüeña encontrará su redención.

La paloma, un ave sagrada

1. La paloma en la Biblia y en la historia

En cualquier asentamiento humano donde haya un espacio abierto, ya sea una plaza, una calle, un jardín o un patio, encontramos palomas. Vuelan, parlotean, revolotean y arrullan en la plaza de San Marcos en Venecia, alrededor del monumento a Nelson en Trafalgar Square, en las Tullerías de París o en la Rathausplatz de Viena. Cualquier granja que se precie tiene su palomar, y se pueden encontrar en el centro de cualquier ciudad o pueblo, no sólo en Europa, sino también en Asia, África y América, allí donde haya seres humanos asentados permanentemente. Hay muchos tipos de palomas domésticas, y parece que han acompañado al hombre desde hace siglos. Su existencia está profundamente enraizada en las mitologías, y puede seguirse su rastro hasta los comienzos de la historia de la humanidad.

En el Antiguo Testamento, la paloma aparece al final del Diluvio. Noé, cuando aparecen las primeras cumbres sobre las aguas y el cuervo ha regresado, suelta a la paloma. Pero también regresa, porque "no encontró donde posarse". Siete días más tarde, manda a otra. "Ella volvió al atardecer con una hoja de olivo arrancada en el pico." Pero Noé espera aún más, y siete días más tarde envía a otra paloma, que ya no regresa al arca; "y Noé abrió el tragaluz del arca, y miró y vio que la superficie estaba seca" (Gen. 8:9, 11, 13).

Luego aparece más tarde en el Cantar de los Cantares de Salomón (2:14): "Paloma mía que anidas en los huecos de la peña, en las grietas del barranco, déjame ver tu figura, déjame escuchar tu voz, porque es muy dulce tu voz y es hermosa tu figura". Aquí aparece como el íntimo símbolo del Mundo-Alma, uniéndose al despertar del "Yo" humano, como comprensión a través del conocimiento.

En los Salmos (55:6, 68:13) se dice: "¡Quién me diera alas de paloma para volar y posarme! Emigraría lejos... me pondría enseguida a salvo". O "¿vais a descansar en los apriscos mientras en las tiendas se reparte el botín: alas de paloma plateadas, plumas con destellos de oro?". En este caso se trata de la elevación del alma, que aleja las preocupaciones y problemas de este mundo.

En los profetas, la paloma aparece de nuevo. Leemos en Isaías: "Estoy piando como una golondrina, gimo como una paloma. Mis ojos mirando al cielo se consumen" (38:14). Y Jeremías dice: "Dejad las ciudades y habitad entre las peñas, vecinos de Moab, como palomas que anidan en la pared de una cueva" (48:28). La paloma aparece aquí como una fugitiva, que huye de las ciudades a los acantilados de la costa, desde los que partió una vez para acercarse al hombre.

En las religiones del Oriente próximo, la paloma era sagrada. La diosa Ishtar de Babilonia estaba especialmente relacionada con ella, y se sacrificaban palomas en su honor. Lo mismo ocurría con Astarté. Las palomas tiraban del carro de Afrodita; Venus Anadiomena fue incubada en un huevo por una paloma. En el santuario de Zeus en Dodona, en el norte de Grecia, las palomas viven en los robles sagrados y responden, como verdaderos oráculos, a las preguntas de los fieles. En la lengua fenicia, se usaba la misma palabra para paloma y sacerdote; en hebreo, la palabra usada para paloma es la misma que la palabra árabe para sacerdote. Cuando Herodoto dice que los fenicios trajeron a una sacerdotisa desde Tebas a Dodona, podría ser también una paloma; son las mismas palabras. Se sabe también que en las fiestas de Adonis, se quemaban palomas en honor del dios; y fueron las palomas las que guiaron a Eneas hasta el Vellocino de Oro.

De todas estas indicaciones se puede extraer que las palomas acompañaron a los hombres en sus migraciones, y que fueron consideradas animales sagrados en relación con los sacrificios rituales, y que no sólo estaban ligadas a los asentamientos humanos, sino en particular a los templos y lugares mistéricos.

2. El hábitat de las palomas

Todas las palomas domésticas descienden de una especie, la paloma bravía, *Columba livia*. Esta especie se distingue por su modo de vida. Las palomas silvestres viven normalmente en los bosques. Se encuentran en los bosques o zonas arboladas de todo el planeta. No se encuentran, sin embargo, muy al norte, ni en la tundra o la estepa, ni en las montañas por encima de la zona arbolada. Pero viven en cualquier otro sitio. Se conocen más de quinientas especies.

Pero sólo la paloma bravía no necesita árboles. Vive en los acantilados y las rocas, en edificios en ruinas, como diría el profeta. En Europa se puede encontrar en algunas islas del norte. Es muy numerosa en el condado de Donegal, en Irlanda, y en la costa oeste de Escocia, en las Hébridas, las Orcadas, las Shetlands, las Feroe y en la pequeña isla rocosa de Rennesöy, cerca de Stavanger, Noruega. Habita en los acantilados y rocas del Mediterráneo; en Grecia, España, Italia, Francia y norte de África. También se encuentra en Palestina y Siria, y vive por toda Asia Menor y Persia, llegando hasta el Himalaya. Si uno observa bien la distribución de la paloma bravía, parece como si ocupara las grandes vías de las migraciones humanas. Se encuentran desde la India hasta Asia Menor, pasando por Persia, y por toda la cuenca mediterránea. Durante miles de años, las civilizaciones post-atlantes se desplazaron de este a oeste por esta vía. Las palomas bravías de estas regiones, no obstante, suelen ser a menudo palomas domésticas que huyeron de los asentamientos humanos y volvieron a la vida salvaje. Brehm escribe (1):

> *En Egipto las he visto en los acantilados, sobre todo cerca de los rápidos. En la India son unas de las aves más comunes, ponen sus huevos en agujeros y grietas de las rocas, cerca del agua si es posible. Aquí, como en Egipto, están en un estado semi-salvaje, viven en edificios antiguos y tranquilos, en las murallas de las ciudades, en las pagodas, templos rocosos y edificios de ese tipo.*

De esta descripción se puede deducir que ha habido una transición gradual entre la paloma bravía y la paloma doméstica, y que estas últimas pueden pasar fácilmente a un estado salvaje o semi-salvaje. Ciertamente, la división principal de estas aves no se encuentra entre las palomas salvajes y las domésticas, sino entre las que viven en los bosques y las que habitan en las rocas y los asentamientos humanos.

Rudolf Steiner indicó a menudo que los pueblos que migraron hacia el este, después de la caída de la Atlántida, atravesaron Europa y Asia por dos grandes rutas. A consecuencia de esto se desarrollaron más tarde dos pueblos diferentes: los Iraníes, al sur, y los Turanios, al norte (2):

> *Así surgió lo que tal vez sea una de las mayores antítesis de toda la evolución post-atlante: entre los pueblos del norte y los del sur, los Turanios y los Iraníes. Entre los Iraníes surgió el anhelo de tomar responsabilidad por lo que les rodeaba, de asentarse, de conseguir posesiones por medio de su esfuerzo, en otras palabras, de aplicar las fuerzas espirituales del hombre para transformar la naturaleza. Ese era el principal anhelo de los Iraníes. Y en las tierras del norte, vivía un pueblo, los Turanios, que tenía cierta familiaridad con los seres espirituales, pero que era nómada, que no tenía ninguna inclinación hacia el trabajo, ni interés por hacer avanzar la cultura en el mundo físico.*

Hay una polaridad similar entre las palomas. Las palomas de los bosques son como los Turanios, y las palomas bravías, que pueden transformarse en domésticas, son como los Iraníes. Si pensamos en Noé, y las tres palomas que envió al final del Diluvio, vemos una imagen del comienzo de las migraciones hacia el este; la diferenciación entre los grupos del norte y del sur está presente en la separación de los dos principales tipos de palomas. Podría decirse que las palomas silvestres acompañaron a los Turanios y las bravías a los Iraníes.

La paloma bravía fue domesticada, y habitó las zonas sagradas y las zonas profanas de los asentamientos de los Iraníes. Las palomas tienen un estrecho vínculo con la existencia humana.

3. Alimentación y vuelo

El sedentarismo de los Iraníes provocó en las palomas domésticas que vivían con ellos el despertar de una característica muy peculiar: la capacidad de encontrar su hogar desde largas distancias, de hasta cientos de kilómetros. Muchas otras aves tienen esta capacidad, pero sólo cuando migran cada año. La paloma puede hacerlo, con un poco de entrenamiento, en cualquier momento del año. Así fue cómo surgieron las palomas mensajeras en la antigüedad. Ya eran conocidas en Egipto. Cuando Ramsés III subió al trono, se informó a todo Egipto con palomas mensajeras. Las ciudades sitiadas usaban palomas para comunicarse con el resto del mundo, un método, por otra parte, que ha sido reemplazado por el telégrafo a comienzos de este siglo. Hace relativamente poco, en el sitio de París en la guerra de 1870-71, aún se utilizaba.

Esta transmisión de mensajes basada en una especie de instinto de regreso al hogar, que está tan profundamente arraigado en las palomas que puede hacerles viajar por la noche y por regiones totalmente desconocidas, es una característica muy destacable. Con esto tiene que ver la tranquilidad, la bondad y el sentido familiar de las palomas. Es difícil establecer si es realmente cierto que una pareja de palomas permanece junta durante años, ya que las observaciones realizadas no son concluyentes.

Pero algo sí es cierto; de entre todas las aves, las palomas tienen una característica única en su especie. Alimentan a sus pichones con un líquido lechoso que produce su cuerpo, como ocurre con los mamíferos y el hombre, que alimentan a sus retoños con su propia substancia, es decir, con la leche. Pero en el caso de las palomas, no es sólo la hembra la que la produce, sino ambos padres. Ningún ave tiene algo así. Muchas tienen el órgano llamado buche, que es el que produce la 'leche de paloma', pero sólo las palomas la producen. El buche es un ensanchamiento, a veces considerable, del canal alimenticio, en el punto en el que el cuello se encuentra con el pecho. En las aves, incluidas las palomas, se utiliza para mezclar los alimentos con la saliva, y comenzar así el proceso digestivo.

En las palomas, sin embargo, hacia la mitad del período de incubación, el buche comienza a hincharse y a aumentar de tamaño. Gradualmente, las capas internas de la membrana mucosa del buche se hacen tan gruesas, que empiezan a descamarse, y esa masa de células que se desprende se disuelve en la cavidad del buche, convirtiéndose en una especie de caldo blanco, que se da a las crías como alimento. Esta 'leche' es muy rica en grasas y proteínas, y es el único alimento que reciben los pichones durante cerca de tres semanas; después ya pueden alimentarse con grano.

Se puede argumentar fácilmente que no es leche real, pero popularmente se la considera como tal. Por otro lado, hay otro hecho muy significativo. La leche de los mamíferos y del hombre, que se forma en las glándulas mamarias, está conectada con una hormona producida en la glándula pituitaria. Esta hormona, llamada prolactina, estimula considerablemente la producción de leche. La prolactina provee a las glándulas mamarias para la producción de leche. Esa misma substancia es la que estimula el buche de la paloma para producir su 'leche de paloma', y lo hace de una manera tan regular, que se utiliza como test cuantitativo para la prolactina.

No hay duda de que la 'leche de paloma' está relacionada con la leche de los mamíferos, y no sólo por el nombre, sino porque además pertenece al mismo grupo de substancias y es 'leche' real. Puede decirse que las estrechas relaciones familiares entre las palomas, su disposición sedentaria y su naturaleza pacífica están relacionadas con la producción de leche. Y es que los pichones reciben un alimento muy inusual para su género, que establece vínculos mucho más fuertes con el nido y con la familia que los habituales en las demás aves. Los pichones reciben una parte de la substancia corporal de los padres durante varias semanas, y esto hace que las relaciones de consanguinidad dentro de la especie se vean afectadas. La leche es un vínculo vivo que une generaciones de palomas en una sola especie, y de la manera más íntima. Por eso la paloma bravía puede transformarse tan fácilmente en paloma doméstica y viceversa.

4. El buche y la laringe

En la antigüedad las palomas eran llamadas 'las invitadas de los dioses'. Ellas elegían como moradas las partes altas de los templos, y se asentaban en los recintos sagrados de los misterios. Bandadas de palomas sobrevolaban los templos de Asia, Europa y el norte de África. La paloma bravía, con su brillante azul grisáceo y sus plumas verdes, se convirtió gradualmente en la blanca paloma de los templos, que ha sido utilizada como animal de sacrificio en las más variadas civilizaciones. En el Nuevo Testamento encontramos también referencias sobre esto. Las palomas, por lo tanto, no sólo se hicieron compañeras de los hombres, sino que además entraron hasta en sus rituales más sagrados. Se asentaron en las arboledas de los misterios y en los lugares santos.

Traían, desde largas distancias, los mensajes de los hombres; esto se les confiaba a ellas porque no sólo se las veía como las invitadas de los dioses, sino también como sus mensajeras. Y como traían noticias de los dioses a los hombres, también los hombres las usaban como mensajeras entre ellos mismos.

Rudolf Steiner describe la misión de las aves en general en el universo, mostrando que su vocación es la espiritualización de la materia (3):

> *Se podría decir que, cuando la tierra llegue al final de su existencia, la materia terrestre deberá haber sido espiritualizada, y la función del reino de las aves en la economía global de la existencia terrestre es el llevar la materia terrestre espiritualizada al mundo del espíritu.*

Si esta es la tarea de las aves en general, cada especie tendrá la tarea de espiritualizar un tipo especial de substancia terrestre. ¿No podría ser que las palomas tuvieran una tarea especial? Acompañan a los hombres en sus asentamientos, y tienen, por lo tanto, una relación con los edificios y las casas. Están relacionadas con las substancias utilizadas por los humanos. La madera, la piedra, el mortero y todos los demás materiales que se utilizan en los edificios son transformados por el trabajo que se realiza en ellos. Todos estos edificios están impregnados del 'verbo' humano. En el interior y en los alrededores de las casas y templos, de los mausoleos y palacios, se usa la palabra, y ésta se vincula con sus muros. Las palomas se han convertido en las mensajeras que liberan el verbo humano, en su infinita variedad, de su prisión material, y lo transforman en la substancia espiritual del cosmos.

Todo lo que los hombres han hablado, todo lo bueno y lo malo que está dentro de las palabras, se reúne con el cosmos por medio de las palomas. Su función como mensajeras es sólo una imagen terrestre de su tarea cósmica. Son las portadoras del Verbo, y se preparan para ello desde su infancia. La leche que reciben de sus padres las prepara para esta tarea. El buche de las aves está situado anatómicamente en el lugar donde el hombre tiene la laringe. En la laringe se produce la palabra y en el buche de la paloma se produce la leche.

La leche de los mamíferos tiene una tarea clara; permite que el recién nacido forme substancia ósea de un modo correcto. La leche no es sólo un elemento nutritivo general; está especialmente preparada para formar la substancia del esqueleto. Por medio de la leche, el niño se convierte en un ciudadano de la tierra; el andamiaje mineral de sus huesos se endurece con la leche, convirtiéndose en la roca que sostiene su existencia.

La leche producida por las palomas tiene como función afianzar su misión en el ámbito del verbo humano. El esqueleto está íntimamente relacionado con el habla; sólo la raza humana, con un esqueleto que se ha convertido en la imagen del universo entero, puede hablar. La cabeza del hombre es redonda como el universo que tiene sobre ella; sus costillas dibujan, con su forma, el curso del sol y los planetas; sus miembros son como pilares, impregnados con las fuerzas de la tierra. Esta perfección en la forma hace posible que aparezca la laringe, que es la cuna del Verbo.

La leche humana, que surge de las glándulas mamarias, provee la substancia material a partir de la cual se forman los huesos, una imagen del universo. Es un material que da forma a las fuerzas cósmicas, y está a su servicio. Esto permite que el Verbo resuene en el hombre.

La leche de la paloma, que surge del ámbito de la laringe ocupado por el buche del ave, permite la redención del Verbo, que se ha unido con la materia formada por las manos del hombre. La paloma libera el Verbo del hombre de la tumba de la materia.

El hombre y la paloma se han hecho compañeros de viaje en la tierra para servir al Verbo. Por eso las palomas son las 'invitadas de los dioses'. Por esta razón, 'paloma' y 'sacerdote' son palabras casi idénticas en muchas lenguas. Por esta razón, Noé envió una paloma desde el arca, para ver si la tierra se había vuelto, de nuevo, dura como el hueso y los pies humanos podían hollarla. Por esta razón, "Una sola es mi paloma, sin defecto; una sola, predilecta de su madre" como dice el Cantar de los Cantares de Salomón (6:9).

5. La paloma y el Verbo

También aparece la paloma sobre la cabeza de Jesús de Nazaret cuando Juan le bautiza en el Jordán. Rudolf Steiner dice sobre esto (4):

> *Así como en una encarnación física desciende lo espiritual desde los mundos superiores y se une con lo físico, aquí, el yo, que se sacrificó para que el Cristo Espíritu pudiera entrar, apareció sobre la cabeza de Jesús de Nazaret con la forma de una paloma blanca. Aparece el elemento espiritual que se separa del físico. Esto es una observación clarividente y está lejos de ser una alegoría o un símbolo. Es un hecho real, clarividente, espiritual, realmente presente en el plano astral para el que lo pueda ver. Del mismo modo que el nacimiento físico implica una atracción del espíritu, este nacimiento fue un sacrificio, una renuncia; y por lo tanto se le ofreció al Espíritu, que al comienzo de nuestra evolución terrestre "se cernía sobre la faz de las aguas", la oportunidad de unirse con las tres envolturas de Jesús de Nazaret y fortalecerle e inspirarle completamente, tal como hemos descrito.*

La paloma aparece aquí como el resultado del sacrificio por el que el Logos, el Espíritu, que se cernía sobre las aguas (Gen. 1:2), puede entrar en un cuerpo humano. Aquí, por lo tanto, la paloma se convierte en un ayudante del Verbo. El Logos impregna el cuerpo hasta el sistema óseo, hasta la sustancia terrestre que ha sido preparada por la leche. En este momento sagrado de la historia de la humanidad, el Bautismo del Jordán, el verdadero ser del alma-grupo de las palomas se revela. Por medio de su sacrificio, prepararon el lugar que había de ocupar el Verbo Cósmico. Hasta entonces habían sido las invitadas y mensajeras de los dioses; a partir de ese momento, ellas dejan esa tarea en manos del Logos. Quizá una vez, cuando los hombres construían la Torre de Babel, y su lenguaje original sufrió la fragmentación, las palomas comenzaron a prepararse para llevar el verbo humano dividido, resquebrajado, de vuelta hacia el ámbito del que procedía. Pero entonces el Logos mismo entró en el ámbito terrestre, y la tarea de las palomas, su misión sacerdotal, llegó a su fin.

Ahora son animales corrientes, cotidianos. Los templos de los misterios están en ruinas, y las palomas viven en las plazas y mercados, una imagen del mal uso y derroche de las palabras. Como en el pasado, recogen las palabras, las guardan y las llevan al mundo espiritual. Se han convertido en mensajeras de los hombres. De cualquier modo, la paloma de nuestros días parece una criatura estúpida, porque no se puede reconocer su verdadero ser y carácter.

Pero su luz brillará de nuevo en el futuro, y revelará su gloria allí donde el sacrificio y el servicio valgan más que la apariencia. La frase: "Estaba desnudo y me diste vestido" es aplicable a las palomas. Han acabado su tarea, su trabajo al servicio del Verbo, y la han pasado a Aquél que, como Logos, vino "junto a los suyos".

Los gorriones de la Tierra

1. La vida del gorrión

Por donde quiera que habiten los hombres, el gorrión se siente en casa. Y los distintos nombres que recibe (gurriato, pardillo, chillón) son muestra de la simpatía, y también de cierto menosprecio, que la gente siente hacia él. Se le toma como algo cotidiano. ¿A quién le preocupan los gorriones? Son tan numerosos y habituales que pasan desapercibidos. Y sin embargo siempre están a nuestro lado y se asientan allí donde estamos los hombres.

No hay granja, pueblo, mercado o calle que no tenga gorriones. Y cuanto más densamente poblada esté una ciudad, más ruidosas son las bandadas de gorriones que la habitan. En pleno centro de las grandes ciudades, en las calles principales, en los patios y jardines, en los parques, están como en su casa. Se encuentran allí donde la gente se apelotona, donde los niños juegan, donde los automóviles rugen y los amantes se abrazan, donde la vida y la muerte se dan la mano a diario.

El manto de plumas del gorrión común es gris, casi como la ceniza. Alrededor de los ojos y el pico es un poco más oscuro, con una banda marrón que discurre por detrás de los ojos, a ambos lados de la cabeza, y llega hasta el cuello. Las alas son marrones y oscuras en la parte superior, y de un marrón negruzco en la parte inferior. No tiene amarillo, ni rojo, ni azul, sólo le adornan algunas manchas blancas. Es un ave insignificante, sin marcas especiales.

Pero cuando se le conoce mejor y uno se familiariza con su aspecto, sus hábitos y peculiaridades, con sus actos y costumbres, se hace entrañable, simpático e interesante, porque conoce la vida y se adapta modestamente a ella según lo permitan las circunstancias. Su nido es algo muy personal; nadie puede entrar en él. Pero no protesta si otro gorrión construye uno cerca del suyo. El macho y la hembra, si llegan a vivir lo suficiente, permanecen juntos durante años, porque permanecen en el nido que han construido juntos. El nido es el hogar, la seguridad, el espacio propio.

Pero del mismo modo que les gusta su propio nido, disfrutan también con la compañía de los otros gorriones. Rara vez se puede ver a un gorrión solitario. Siempre se les ve por docenas. Son tan parecidos que es difícil distinguir a uno de otro. Sus juegos, movimientos y reacciones son casi idénticos. Les gusta pelearse, parlotear entre sí, saltar, revolcarse en la arena y en los charcos de la calle, aletear sobre la calzada y luego salir volando de repente, de vuelta al nido, para enseguida regresar de nuevo con sus hermanos y hermanas.

Su existencia es tan ordinaria como lo son sus colores. Gorjean y pían, pero lo suyo no es el canto. Tampoco hacen grandes viajes. En otoño se quedan en sus nidos; la inquietud y la fiebre de la migración les son totalmente ajenas. A comienzos de agosto, o un poco más tarde, se van, siempre con sus parejas, en unas cortas vacaciones al campo, sobre todo a los campos de cereal maduro. Se alquilan una residencia de verano en los setos que rodean los campos y allí juegan, picotean, se bañan y duermen. De vez en cuando regresan al nido, para ver si todo va bien; pero pronto regresan al campo.

Si estos veraneantes son demasiado numerosos, el granjero va a tenerlo difícil para sacar adelante la cosecha, porque los gorriones pueden comer sin parar. Pero si no hay mucho grano, se comerán también los escarabajos, saltamontes, orugas y gusanos. En realidad son los pequeños gorriones los que comen este tipo de animales; los adultos prefieren el maíz y otras semillas.

Cuando llega el otoño, vuelan de regreso a la ciudad. Arreglan de nuevo el nido, lo forran y tapizan de cara al invierno. En raras ocasiones se aparean y ponen huevos en esta época del año. Sólo si hay algunas semanas realmente cálidas en otoño puede producirse algún romance. Pero es más bien como un segundo verano, y frecuentemente sin resultados visibles.

Los gorriones pueden vivir mucho tiempo si nada se lo impide. Su esperanza media de vida es de siete a ocho años. Algunos llegan hasta los once o doce. Pero los nidos duran más tiempo. Si un miembro de la pareja muere, el nido servirá para la nueva pareja del que haya sobrevivido. Y la vida sigue, como una saga, en torno a un centro, el nido. (1)

2. *El nido y el hábitat*

Bachelard (2) escribe:

Cuando observamos un nido, nos encontramos con una fuente de confianza hacia el mundo, estamos ante un punto focal de confianza, nos sorprende esta llamada a la confianza cósmica. ¿Construiría un pájaro un nido si no tuviera una confianza instintiva hacia el mundo?... Para poder tener esta confianza... no hace falta tener razones materiales.

Porque no las hay. Lo que tenemos se basa, tanto para las personas como para los pájaros, en esa 'confianza cósmica', que se fundamenta en hacer un nido, una casa, una morada, un hogar propio, donde buscar y encontrar protección.

Es el lugar de la seguridad, del sentimiento de sentirse protegido, es una de las necesidades primarias del hombre en la tierra. Muchas aves comparten esta necesidad con el hombre. Pero no es, como muchos psicólogos creen, una pulsión que nos hace querer volver al cálido útero que nos protegía antes de nacer. Esto no sería confianza, sino ansiedad. No queremos regresar a la situación original, sino ir hacia delante, hacia el futuro de nuestro destino terrenal.

Un ave no busca refugio. Construye su nido confiando en las futuras generaciones que continuarán lo que se les ha confiado.

Un nido no puede ser comparado con las guaridas, madrigueras, refugios y cubiles de los otros animales, porque un pájaro construye su nido, lo forma, lo equipa. Utiliza plumas y ramas, hierba y palos, piedras y barro, paja y mortero. Hay pájaros que tejen sus nidos y otros que endurecen el barro con su saliva, transformándolo, al secarse, en una especie de cemento. Los nidos se construyen en árboles y arbustos, en la tierra y en la arena, en la hierba y en las rocas. El pájaro entra en contacto con la existencia terrestre por primera vez en el nido. Para él es su apoyo, los cimientos de su existencia. Sin el nido, se hubiera perdido en las alturas del aire. Pero su casa le mantiene anclado a la tierra; es una placenta por medio de la cual permanece dentro del entorno de la tierra. La capacidad de construir un nido es al mismo tiempo el cordón umbilical que le mantiene atado a él.

Para otras criaturas, el nido es un refugio, un cobijo. Con algunas excepciones (algunos peces y el castor, por ejemplo), no se construyen los nidos, sino que se encuentran, o son excavados.

Los gorriones dan su nombre al mayor orden del reino de las aves. Son los paseriformes, con unas cinco mil especies diferentes.

Los paseriformes se extienden por toda la tierra y habitan bosques, matorrales, marjales, tundras, montañas, estepas, desiertos, cañaverales, campos abiertos y arbolados... Originalmente, habitaban en los árboles y arbustos, como lo hacen muchos todavía. Pero algunas especies, como las alondras y las perdices, se han adaptado completamente a la vida en el suelo. Algunos tipos... son casi incapaces de volar. (3)

Y Brehm (4) dice de ellos:

Son los hijos de la tierra. Viven allí donde llega la vida vegetal. En los bosques son más abundantes que en las áreas sin bosque... Muchos tipos viven exclusivamente en el suelo y muchos de ellos se han acostumbrado a él. Pocos rehuyen la cercanía del hombre; y muchos se comportan como invitados de los hombres, visitando sus casas y granjas, huertos y jardines.

Cuervos, cornejas, urracas, pinzones, alondras, herrerillos, tordos, reyezuelos, ruiseñores, golondrinas y currucas, pertenecen todos a este orden. Todos ellos son pájaros que están relacionados con el hombre.

Pero entre ellos, tal vez porque están más profundamente vinculados a la tierra y a las personas, está el gorrión, porque ningún otro pájaro se acerca tanto al hombre. Casi se podría decir que se ha separado de la naturaleza, como lo han hecho los animales domésticos, para entrar en el reino humano. Pero el gorrión no ha abandonado su propia forma, como es el caso de los diversos tipos de perros. Ni se ha abandonado a una actividad especial, como las gallinas o las vacas, produciendo huevos y leche. El gorrión no es un animal doméstico, aunque vive más cerca del hombre que muchas otras criaturas.

El gremio de los arquitectos debería tener un gorrión en su escudo de armas. Las calles y plazas, patios y jardines, se han convertido en el hábitat natural de los gorriones. Construyen sus nidos donde viven los hombres. Bajo una cornisa, detrás de un desagüe, en la caperuza de una chimenea, en un tragaluz. Y también en las ramas de los árboles y arbustos cerca de las casas de los seres humanos.

Cuando se introdujeron los gorriones en América, a mediados del siglo pasado, se vio que aparecieron en las grandes ciudades, luego en las pequeñas, y después en los pueblos y aldeas, y finalmente en las granjas aisladas. Pero si se les llevaba a una granja cerca de una ciudad, o a un barrio donde no hubiera muchos de ellos, se marchaban a la ciudad más cercana (5).

Sí, buscan los lugares muy poblados. Y allí donde se acumula el polvo, la basura, los desechos, construyen sus nidos, con paja, papel, heno, lana, pelo, hilos, ramas, hierbas. No es una construcción muy elaborada; desde fuera parece más bien desaliñada y caótica. Pero por dentro es blanda, bien acolchada y caliente. Siempre tienen una especie de techumbre por encima, de modo que parece una cabaña. Y no hacen la techumbre sólo cuando encuentran un hueco en un árbol o un nido artificial.

Recogen los materiales por todas partes. Sobre todo utilizan la corteza interior de las ramas, e incluso se les ha visto acercarse a las palomas para arrancarles plumones. No es de sorprender, por lo tanto, que en algunos sitios se les llame 'ladrones'.

El nido, una vez construido, se utiliza todo el año, excepto en las 'vacaciones' de verano. Ningún otro gorrión se puede acercar a él. Las hembras echan a las hembras, los machos a los machos. Es muy difícil que un animal de un sexo se confronte con otro del genero opuesto. Esto es un estricto tabú.

El apareamiento, la puesta y la cría se producen en primavera y verano. Por Pascua, la hembra pone un huevo cada mañana durante una semana. Se ponen entre dos y ocho huevos, dependiendo de la edad de los padres y del momento de la estación. El período medio de incubación es de doce días, pero puede variar. Como todos los paseriformes, los gurriatos recién nacidos vienen sin plumas. Tienen que ser alimentados y calentados por sus padres. Pero en menos de tres semanas, se convierten en pequeños gorriones. Entonces dejan el nido y se cuidan por sí mismos. Los padres, entonces, ya no se preocupan más de ellos, negándoles incluso el acceso al nido, porque ya está en camino una nueva nidada.

Cada pareja de gorriones cría dos veces al año; algunas pueden llegar a las tres y las cuatro; de ahí el rápido crecimiento de esta especie. Mientras la nidada está en el nido, los padres cuidan de ella con verdadera devoción. Protegen a los polluelos ante cualquier ataque, aun a riesgo de sus vidas.

Pero tan pronto como los pequeños han aprendido a volar, es el turno de la siguiente generación. Una sola pareja puede criar entre diez y veinte retoños en una sola primavera. Cuando la tercera o la cuarta nidada ha crecido, a mediados del verano, los padres se van al campo. Ya han cumplido su tarea y se pueden dedicar a disfrutar de la existencia. Aparecen otros gorriones adultos y los jóvenes se mezclan con ellos y reclaman su propio espacio vital. Pronto comenzarán a construir sus nidos para el invierno y a buscar pareja. En la siguiente primavera se aparearán por primera vez.

¡Qué rápido va todo! No obstante, todo está predispuesto y predestinado. El Evangelio dice: "¿No se venden un par de gorriones por unos cuartos? Y, sin embargo, ni uno solo caerá al suelo sin que lo disponga vuestro Padre". (Mat. 10:29).

3. Los gorriones y el hombre

Durante el último siglo, los gorriones han llevado a cabo una sorprendente conquista del planeta. A mediados del siglo pasado eran desconocidos en Norteamérica. Hacia finales de los sesenta fueron introducidos en varias ciudades de la costa este, y en pocas décadas se extendieron por todo el continente. A finales de siglo habían llegado a San Francisco. En 1889, W.B. Barrow escribió (6): "Desde entonces (1875) hasta ahora, la maravillosa rapidez de la multiplicación de los gorriones, la sorprendente velocidad de su distribución y el prodigioso tamaño de su zona de extensión, no tienen parangón en la historia de ninguna ave." El gorrión hizo un desfile triunfal de costa a costa en Norteamérica.

A comienzos de este siglo, conquistó Sudamérica del mismo modo —sobre todo Argentina, Chile, Perú y Bolivia. Las ciudades costeras de Australia y Nueva Zelanda fueron pobladas por todo tipo de gorriones al mismo tiempo. Hoy día se puede decir que no hay continente o región, ni —con algunas excepciones— país, que no haya sido colonizado por los gorriones y especies aliadas.

Su adaptabilidad es impactante. No dependen de ninguna condición climática o medioambiental, al contrario que la mayoría de las demás aves. Pueden vivir en ciudades sub-árticas y en regiones tropicales o desérticas. Habitan en Kiruna, al norte de Suecia, y en Cuiabá, en el centro de Brasil. Viven y anidan tanto en la desierta Adén, como en la tropical Birmania.

Hay, obviamente, una estrecha relación entre los gorriones y los asentamientos humanos. En América se podía observar que progresaban con las cuadrillas de construcción de las líneas ferroviarias, de un lugar deshabitado a otro. Siempre han preferido los asentamientos con calles y plazas a las casas aisladas.

Si encuentran una casa deshabitada, con todas las facilidades para construir un nido, la evitarán, porque el gorrión "sólo anidará en un edificio vacío, si hay cerca otros habitados." (7).

Durante la Segunda Guerra Mundial, los gorriones

siguieron al Octavo Ejército Británico por el desierto del norte de África y se asentaron en los campamentos. En 1956, toda una colonia de gorriones se instaló en las profundidades de la tierra, en una mina de carbón de Northumberland, Inglaterra, y fueron alimentados por los mineros. Pero esta íntima conexión entre los gorriones y los hombres es opcional, ya que también encontramos gorriones en las islas deshabitadas de Nueva Zelanda y en las mesetas desérticas del norte de la India.

Pero pese a estas excepciones, o tal vez debido a ellas, la conexión de estas aves con el hombre es sorprendente. ¿Qué vincula al gorrión con el ser humano? ¿Es por el hombre, en sí mismo, o es por algo relacionado con él?

Los gorriones siempre son tímidos y cautos con la gente. Rara vez se han podido domesticar y no se ha conseguido criarlos bien en cautividad: ponen pocos huevos y crían a sus hijos con desgana. Siempre están en guardia cuando se les acerca un ser humano.

Pueden ser muy descarados y entrar en las cocinas o salones para buscar comida. Pero sólo se quedarán unos segundos y saldrán tan rápido como entraron. Viven cerca de nosotros, pero no con nosotros.

Es más bien como si vivieran a la sombra de las actividades humanas. Allí donde hemos trabajado y construido, donde rueda el tráfico y suenan las máquinas, en las estaciones de tren y en las fábricas, en las calles y casas, allí es donde quieren vivir los gorriones. Allí, al calor de nuestras actividades, en el polvo y en el hollín, en el humo y en el barro, los gorriones encuentran un mundo adecuado.

Esto no ha debido ser siempre así, ya que esta industrialización progresiva de la existencia humana data de hace cien años. ¿Dónde estaban los gorriones antes? Su historia y desarrollo no están claros. Algunos creen que llegaron gradualmente desde Asia a Europa; otros señalan sus orígenes en África, desde donde llegaron a través del valle del Nilo. Los diversos tipos de gorriones (el gorrión común, el italiano, el moruno) que se han mezclado en diversas partes de la tierra, nos ocultan su historia anterior.

Pero algo sí está claro: la propagación gradual de los gorriones se produjo en los primeros milenios siguiendo los pasos de los pueblos agrícolas. Allí donde se asentaban los hombres para trabajar la tierra, llegaban los gorriones. Se convirtieron en los primeros compañeros del granjero, aunque sin llegar a acercarse a él.

Tal vez podríamos esbozar la siguiente historia de los gorriones: primero fueron con los campesinos y las cosechas. Luego acompañaron al hombre en las grandes aglomeraciones urbanas; y finalmente, desde el siglo pasado, le han acompañado en el mundo industrial que ha construido a su alrededor.

La historia de la mina de carbón de Northumberland indica que han dado un paso más. Al acompañar al hombre, los gorriones entran en la substancia de la tierra. Pero aun así, siguen siendo una raza independiente, que no ha perdido su encanto, su gusto por el juego y el disfrute, su espontáneo parloteo, y su confianza hacia el mundo. Llevan su vida de pájaro hasta las profundidades de la tierra y, sin embargo, preservan su propia naturaleza.

4. *Una historia de Navidad*

Hubo un tiempo en que los gorriones eran como los demás pájaros silvestres. Construían sus nidos en los árboles y arbustos, vivían en los espacios abiertos de las praderas y llanuras, en montañas y planicies donde fluían ríos y torrentes. En aquel tiempo aún podían cantar, y, como las alondras, pinzones, herrerillos y estorninos, hacían resonar sus voces en las amplitudes del espacio. En aquellos lejanos días, todavía hacían largos viajes, desplazándose al sur en el otoño y regresando al norte en primavera.

Hoy, los jóvenes gorriones se alimentan sobre todo de insectos y sólo un poco de grano. Esto indica que ha habido una transformación gradual de los hábitos alimenticios. En los días en que los gorriones eran una raza libre y orgullosa, comían todo lo que la naturaleza les ofrecía: arañas, escarabajos, saltamontes, orugas y muchas otras pequeñas criaturas.

Pero, paso a paso, renunciaron a la libertad de la vida silvestre. Su canto se transformó en piar y parlotear. Dejaron las grandes migraciones, porque el hombre había comenzado a asentarse en la tierra. Rasgó el suelo con su arado y sembró las semillas de las plantas que luego serían transformadas en pan. Y llegaron los diversos tipos de gorriones silvestres, vieron esta actividad humana y la encontraron buena y justa.

Informaron de lo visto a su espíritu guía, que llevó el mensaje a las alturas, y así los ángeles se enteraron de lo que ocurría en la tierra. Las nuevas llegaron hasta las más altas esferas: "El hombre está cultivando el suelo de la tierra, resonaba. Siembra y cosecha y prepara su pan." Por los cielos resonó una hermosa canción.

Entonces el espíritu guía de los gorriones trajo el mensaje de que todas sus criaturas debían acompañar al hombre en su trabajo. "Dejad vuestro colorido plumaje; olvidad vuestro canto; vivid cerca de los hijos de los hombres. Que vuestro alimento sea el grano; vuestros nidos los tejados de las casas de los hombres."

Los gorriones de la tierra escucharon esta llamada y sus corazones comenzaron a latir más rápido. "¡Oh, qué desgracia!", piaban unos. "¡Qué bendición!", decían otros. "Sí, cumpliremos esta misión."

Desde entonces, el corazón de los gorriones late diez veces más rápido que el del hombre; 800 veces por minuto, 48.000 veces por hora y más de un millón de veces al día. Su respiración es también muy rápida; 200 veces por minuto, cuando vuelan, saltan, o cuando hace mucho calor. Y su temperatura corporal es superior a la de una persona con fiebre. Estas pequeñas aves son poco pretenciosas, pero cálidas, con unos corazones que laten tan rápido, que no se pueden distinguir los latidos individuales. Para nosotros son como una ligera y ansiosa palpitación.

Pero para ellos es alegría, porque están respondiendo a sus espíritus guía que han escuchado el mensaje de los coros celestiales. Pero, oculta en sus palabras, hay una misteriosa afirmación que ningún gorrión ha podido desvelar. Es algo así: "Cuando la gente muela el grano para la harina, cuando cuezan el pan con harina y agua, levadura y sal, y lo usen como alimento, cuando la tierra se transforme bajo el peso de las espigas, nacerá un Niño que llevará en sí la Luz. A él le deberéis servir".

Aunque no comprendieron el mensaje divino, lo escucharon, lo llevaron por toda la tierra y lo grabaron en los corazones, picos y alas de la raza de los gorriones. Ahora los gorriones siguen a los hombres, hasta la oscuridad de la tierra y en los reinos de la materia en descomposición; en el polvo y en las sombras.

Pero con ellos va un delicado rayo de luz, ligero como un respiro, que sólo pueden ver los niños en el día de Navidad. Y es que los gorriones se han hecho pobres; su vestido es gris, como la pobreza, y marrón, como el pan de la tierra. Pero en ese discreto vestido se encuentra el gozo por las pequeñas alegrías y la bendición de la confianza.

"¿Qué mal nos puede hacer la oscuridad?", late el corazón del gorrión. 'El mensaje se ha cumplido, el Niño ha nacido, y la luz entra en las tinieblas de la tierra. Llega hasta abajo, hasta el polvo y los desechos, hasta las profundidades de la tierra, penetrándola, y nosotros —mediante el gorjeo de los gorriones— percibimos su resplandor'.

Los gorriones son los mensajeros de la Navidad. Acompañan al hombre, aunque permanecen alejados de él. Pero un día, cuando empiece a brillar en su corazón la luz de Navidad, se harán dóciles. Entonces se posarán en sus hombros y comerán de su mano. Y algunos cogerán esas migas con sus picos y colocarán esas migas de alegría en los labios de los hijos de los hombres. Y esto será un mensaje de gozo para muchos ángeles en el cielo.

Elefantes

> *Sólo se debe considerar el conocimiento como algo real cuando uno se dice a sí mismo: lo que conformo en mi espíritu como conocimiento debe estar previamente contenido en las cosas. Puesto que yo 'tomo' algo de las cosas en mi espíritu, independientemente del reino al que pertenezcan, presupongo la existencia del espíritu en todos los reinos.*
>
> *Rudolf Steiner*

1. La imagen del elefante

Los elefantes aparecen por primera vez en nuestra consciencia en la primera infancia. Su imagen y presencia nos acompañan durante nuestro crecimiento y aprendizaje. Primero nos los encontramos en el circo y en el zoológico. Como niños, elevamos nuestra mirada atónita y maravillada hacia la enorme mole que se eleva sobre nosotros. Y nos fascina el jugueteo de su trompa, aunque también nos asusta su barritar y bufar repentinos.

Más tarde, leemos libros de aventuras sobre la vida de estos enormes animales de África y Asia; oímos hablar de la extraordinaria fuerza de los elefantes de carga de la India y Birmania y vemos fotografías de ellos en procesiones festivas, ricamente enjaezados, cuando solían llevar al maharajá en sus lomos.

Más tarde, aun oímos hablar del uso de los elefantes en las Guerras Púnicas y del pánico que causaron a los legionarios romanos en la batalla de Tunetum, cuando las legiones de Roma fueron destruidas. Viajamos con los elefantes de Aníbal en su travesía de los Alpes, un viaje al que sólo uno sobrevivió y llegó a Italia. Y luego nos cuentan cómo los romanos se familiarizaron gradualmente con los elefantes de guerra y acabaron utilizándolos.

Así es como el elefante se ha hecho un animal conocido por todos. No es exactamente un animal doméstico como las vacas, cerdos, perros, ovejas y cabras, pero está más cerca de nosotros que los osos y las serpientes que tenemos muy cerca, pero están muy lejos de nuestra vivencia. El elefante sólo está domesticado en Asia; en África se le deja tranquilo y no depende de nadie, al menos mientras no sea víctima de los cazadores, furtivos o no furtivos, y estraperlistas.

En cierta manera, el elefante, que nos acompaña como una imagen y una experiencia durante la infancia, también ha tomado parte en la evolución de la Humanidad. Estaba presente cuando los humanos comenzaron a pisar firmemente sobre la Tierra, y en tiempos prehistóricos se encontraba a sus anchas en casi todas las partes del mundo. Habitaba en Asia y América, Europa y África, desde el Círculo Polar Ártico hasta el Ecuador y el hemisferio sur. Sólo parece que no ha estado en Australia y Nueva Zelanda. Como mamut en el Norte, como elefante en el Sur, el grupo de los proboscidios (mamíferos con trompa) llegó a contar con 352 especies.

Hoy día, esta multitud de tipos se ha quedado en unos pocos. Está el elefante Africano, que vive en las tierras interiores de ese gran continente, y tiene dos subtipos: el elefante de los matorrales y el elefante de la selva *(Loxodonta africana y Loxodonta africana cyclotis)*. El elefante Africano es mayor, más fuerte, y tiene colmillos más grandes que su hermano asiático, y parece remontarse más atrás en la historia de la tierra. De todas las demás especies, con una excepción, sólo se tiene conocimiento por pinturas o restos fósiles. La excepción es el mamut, que en algunos casos ha sido encontrado en el norte de Siberia en perfecto estado de conservación, con piel, pelaje y órganos intactos, incluso con comida en el estómago, miles de años después de que el animal hubiera muerto congelado. Se descongeló su sangre y los análisis mostraron que es un pariente cercano del actual elefante. Así es como la prehistoria y el presente se dan la mano.

Lo mismo ocurre con nosotros. También encontramos, en el fondo de nuestra alma, allí donde nacen las fuerzas de la voluntad, una conexión con estos animales. Nos pertenecen, son parte de nuestra existencia y substancia. Como niños les contemplamos; como jóvenes adultos nos gustaría encontrárnoslos y comprenderlos; como adultos nos distanciamos de ellos, porque tenemos miedo de encontrarnos con que están vivos en nuestro interior. Sólo algunos grupos de personas están conectadas con ellos a lo largo de sus vidas. Hubo un tiempo en que toda la humanidad era miembro del reino de los elefantes. Ellos gobernaban la tierra como reyes. Poseían tierras y territorios, que el hombre fue apropiándose poco a poco. El elefante se retiró y perdió sus reinos y dominios; ahora camina por la existencia como un eterno mendigo, aunque sigue siendo un rey.

2. Psicología y apariencia

"El modo en que vive externamente un ser es una manifestación directa de lo que vive en su interior". Rudolf Steiner realizó esta afirmación tan trascendente cuando hablaba sobre el organismo animal (1). Ahora observaremos al elefante tal como se nos presenta externamente.

Comenzaremos por el viejo elefante Africano y nos acercaremos a él desde el ángulo frontal. Nos mira con sus pequeños y profundos ojos. La frente se eleva como un risco y se extiende en la cumbre en las dos enormes orejas. Cada oreja mide aproximadamente un metro de largo y 80 centímetros de ancho; van del cráneo hasta la garganta como un gran paraguas que separa la cabeza del resto del cuerpo. Visto de frente, el cuerpo parece estar oculto tras ellas, y sólo las patas, como gigantes columnas, entran en nuestro campo de visión.

El rostro se prolonga desde la frente hasta la gran trompa, que llega hasta el suelo como si fuera una quinta extremidad. Este órgano es un labio superior extremadamente desarrollado, que se ha fundido con la nariz y cubre la parte inferior de su gran boca. A ambos lados de la trompa surgen dos colmillos en curva cóncava desde la mandíbula superior.

La trompa es el símbolo del elefante. Toda su naturaleza y ser están impregnados por ella. ¿Pero qué es esta extraña protuberancia? Con ella, el elefante arranca hojas, ramas y arbustos, y se los lleva a la boca. No coge la comida directamente con la boca, como hacen los ungulados y los carnívoros. Arranca enormes manojos de hierba con la trompa, y después de sacudir la tierra en sus rodillas, los engulle de un golpe. Aspira el agua por ella y la expira en su boca. La trompa es, por tanto, un órgano que le pone en relación con el mundo exterior, como los brazos y las manos de los hombres.

El elefante puede ser brutal o delicado con su trompa: la puede colocar amorosamente sobre el lomo de un compañero. El elefantito enrolla su trompa alrededor de la cola de su madre cuando se desplazan y así es guiado.

La trompa, sin embargo, es algo más que una extremidad. Es, al mismo tiempo, un órgano sensorial extraordinariamente fino y tal vez incluso omnímodo. Gran parte de las capacidades sensoriales del elefante están concentradas en él. El elefante tiene un sentido del olfato extraordinariamente agudo; algunos observadores indican que puede oler a una distancia de cinco o seis kilómetros una buena provisión de hojas o la presencia de agua. También usa la trompa para el tacto, ya que los pelos que rodean el orificio de esta, son especialmente finos y sensibles. En su interior tiene el ollar, un tubo recubierto de membrana mucosa, y tiene un sentido calórico altamente desarrollado. Todo aquello que va a ser recogido o absorbido es, en primer lugar, cuidadosamente filtrado por la trompa.

Los movimientos de este instrumento sensorio son tan variados y tan expresivos que su sentido del movimiento debe estar también altamente desarrollado. Blond (2) tiene razón cuando dice:

> *La trompa está tan desarrollada que es posible que informe al elefante de todo y le transmita el conocimiento de la tierra incluso a larga distancia... el elefante no da la impresión de ver bien con sus ojos. La*

trompa se balancea, gira, se yergue, busca, parece percibirlo todo.

Podemos decir entonces que el sentido del movimiento, que percibe las formas y líneas del entorno, tiene su sede en la trompa, y esto quiere decir que la trompa reemplaza con creces al ojo en la percepción del espacio y sus formas. Actúa como un órgano sensorio, al recibir las impresiones táctiles, de presión y calor, y como una extremidad para agarrar, golpear y luchar.

Además, los sentimientos y pulsiones del elefante, sus emociones y estados de ánimo, se expresan por medio de ella, es decir, se manifiestan en los sonidos que produce y en los gestos que hace. La trompa tiene a su disposición todo un repertorio de sonidos, desde un cariñoso gruñido a un aterrorizador barrito que parece sacudir la tierra. La vida interior del elefante parece estar concentrada en la trompa.

Los ojos, a ambos lados de la trompa, parecen desaparecer. Tras ellos están las enormes orejas, que se extienden desde la base del tronco como grandes alas. Las orejas, también, indican qué es lo que ocurre dentro del animal: reflejan la tensión o la relajación interior. Cuando la trompa detecta algo, las orejas se yerguen. Los sonidos escuchados por las orejas alertan a la trompa y la ponen a vigilar los alrededores. Ambos órganos, orejas y trompa, trabajan juntos y se complementan de una manera extraordinariamente compleja. La gama de percepciones sensoriales abarca el calor y el frío, los sonidos y olores, el viento, el clima y el movimiento.

3. Las características del elefante

Tras estos poderosos órganos sensoriales se encuentra un cerebro relativamente pequeño. El compartimento del cerebro, mucho menor que el enorme cráneo, está suspendido en una red de pequeños huesos, de modo que está muy alejado de las paredes exteriores del cráneo. Los huesos que lo rodean están llenos de aire y recubiertos de una membrana mucosa. Están en comunicación directa con los canales nasales que llevan a la trompa y podrían ser comparados con unos senos nasales y faciales enormemente desarrollados. Esta peculiar configuración hace posible que los olores, y todas las impresiones transmitidas por el aire, penetren en el interior del cráneo y envuelvan al cerebro con información sobre la atmósfera circundante. El cerebro está, en cierto sentido, embebido de atmósfera, y de esta manera se convierte en una especie de barómetro sensitivo viviente.

Muchos investigadores han señalado que los elefantes pueden oler arroyos y ríos, colinas de arena y arcilla, y llanuras, a más de un kilómetro de distancia. Las extensiones de aire y tierra son como un libro abierto en el que el elefante no lee, sino que huele, siente y percibe.

Para poder mantener su enorme masa, el elefante consume y excreta una enorme cantidad de comida. Las cantidades que pasan por su organismo son apenas creíbles. Una de las razones es que su proceso digestivo es muy ineficaz, aprovechando sólo un 40% de la comida (3). El mismo autor estima que un elefante vagando libremente consume entre 100 y 150 kilos de hojas, ramas y raíces al día, y un número igual de litros de líquido. El tubo digestivo mide cuarenta metros, y cada día, en el curso de su digestión y excreción, produce unos 700 litros de gas metano.

Ningún territorio cerrado es suficientemente amplio para satisfacer su vasto consumo de comida. Por eso es que los elefantes son nómadas, se mueven continuamente, y habitan en la selva, en la estepa, en la sabana o en las estribaciones de las montañas. Carrington (4) escribe:

> *Los elefantes salvajes ocupan una amplia gama de paisajes y parecen estar a gusto en todos ellos. Se adaptan fácilmente a la vida en el bosque y en los matorrales, en mesetas calurosas o en llanuras costeras sofocantes, en los tórridos valles de Sri Lanka o en las laderas brumosas de las montañas Africanas, entre los 2.500 y 3.500 metros de altitud.*

En cuanto a esta sorprendente capacidad de adaptación, el hombre y el elefante son similares. La única diferencia es que, para contrarrestar el clima adverso, el hombre tiene que usar todo tipo de invenciones, tales como ropa y cobijo, calefacción y aire acondicionado. En eso estamos por detrás de los elefantes, porque el elefante domina los más variados paisajes por medio de la sorprendente adaptabilidad de su mundo interior. Su temperatura corporal es también muy similar a la del hombre, tal vez un poco superior (unos 37° aproximadamente), de modo que su cuerpo es como una agradable estufa templada.

Llevó mucho tiempo descubrir si el elefante dormía y por cuánto tiempo:

Nunca nadie ha visto a un elefante salvaje dormir al descubierto. Nunca ningún investigador o cazador ha sido capaz de observar el sueño de una manada a la luz de la luna o bajo un cielo despejado. El sueño de un elefante es tan corto y, sobre todo, tan increíblemente ligero que durante mucho tiempo se pensó que su único descanso era un semisueño diurno, que echaba de pie. (5)

Benedict y Hediger hicieron considerables esfuerzos para resolver esta cuestión y ambos fueron capaces de ver a elefantes durmiendo. Tuvieron que tomar muchas precauciones, ya que los animales son tan sensibles que la presencia humana les perturba inmediatamente. Ambos investigadores concluyeron, cada uno por su lado, que hacia la medianoche los elefantes se echan a dormir un corto sueño de unas dos o tres horas.

Este corto espacio de tiempo no debería sorprendernos, ya que el cerebro de estos enormes animales es bastante pequeño y la esfera de su consciencia es muy nebulosa, centrada principalmente en los sentidos inferiores. Por el elefante fluye una percepción pictórica y ensoñadora que hace que los largos períodos de sueño sean innecesarios.

Con esto se puede comprender lo que Rudolf Steiner dijo en la conferencia antes mencionada:

Sólo podemos observar la vida anímica del animal si percibimos sutilmente la manera en que disfruta de su naturaleza corporal. Esto es lo esencial. No observaremos su verdadera naturaleza cuando disfruta de su entorno, pero sí cuando, por ejemplo, vivencia su propia digestión. Para vivenciar lo esencial de la experiencia anímica del animal, hay que entrar en el ámbito de los órganos. El animal se siente satisfecho interiormen-

te con esta experiencia y nada que venga del exterior tiene sentido para él, a menos que sea vivenciado en el interior de su alma. (6)

Si seguimos estas indicaciones, algunas de las características del elefante que ya hemos señalado se nos clarificarán. Este animal es claramente un caso extremo. El elefante parece estar menos dotado en sus órganos digestivos que otros animales, pues sólo transforma el 40% de sus nutrientes. Sueña menos en la esfera del metabolismo de lo que lo hace, por ejemplo, una vaca, que transforma completamente el 60 ó 70% de su comida. El resto lo reserva para soñar en el proceso de los sentidos. Los animales experimentan dentro de su alma lo que pueden vivir exteriormente. Esto en el elefante es una percepción atenuada, casi clarividente de su entorno, el ámbito de la tierra, el agua y el aire. En su experiencia no entran ni la luz deslumbrante, ni la claridad del día, ni la oscuridad de la noche, ni el brillo de las estrellas. Por esta razón, su cuerpo es todo gris y neutro. Ningún dibujo alegra su piel. Su vida interior es también monótonamente gris, respecto a la luz; pero en esta penumbra se tejen nubes de aromas y olores, de voces de viento y aguas, de cálidos vapores de los valles y de tormentas que soplan frescas desde las montañas. El rumor de los ríos, el gorgoteo de los manantiales, los gritos de las bestias y el crujido y chasquido de ramas y hojas bajo las miríadas de pisadas de los animales. Así como la luz le da pensamientos a los seres humanos, el elefante deriva su peculiar sabiduría de la infinita variedad de percepciones olfativas. Lo que estos gigantes vivencian como ruidos, nosotros lo percibimos en los sonidos y en los tonos.

El hombre comprende cuando la impresión sonora de una palabra es iluminada por la luz del pensar. Cuando los millares de olores se encuentran con la multiplicidad de sonidos en el elefante, surge en él una embotada comprensión, que le urge a la acción. La trompa, como ya hemos dicho, no es una simple nariz, sino una extremidad que controla el frente y dirige la voluntad del animal. No surgen conceptos, ni ideas, ni objetivos, sino impulsos para actuar, instintos y pulsiones que han actuado en esta especie de la misma manera durante milenios y guían a la manada y al animal individual de un lugar a otro.

"El animal trae a la tierra todo lo que es capaz de vivenciar y todo lo que su propio ser le permite experimentar", dice Rudolf Steiner, y luego añade: "¿Qué vivencia el animal en su alma? Vivencia su especie, desde el nacimiento a la muerte". (7)

Así es el elefante. Vivencia el ser de su especie y la consciencia que a ella corresponde. Se mueve inmerso en esta corriente y así cumple su tarea en la tierra.

4. El sentido de comunidad

Algunas veces, uno se encuentra con elefantes solitarios. Normalmente son machos que, siendo ya viejos, han dejado la manada enfermos y amargados, y viven completamente salvajes, abandonados a su suerte. Ocasionalmente dos o tres de estos ancianos caballeros se juntarán para formar una seudo-comunidad, aparte del resto.

De otro modo, los elefantes viven en la comunidad de la manada, que está formada por individuos más o menos emparentados entre sí. Carrington (8) dice:

La manada está compuesta por padres e hijos, hermanos y hermanas, tíos, tías, sobrinos, sobrinas y, posiblemente, un pequeño número de parientes políticos que han sido aceptados en la manada. El número de individuos varía considerablemente, desde diez o doce en una manada pequeña a cincuenta o más en una grande.

De vez en cuando las manadas se encuentran en una comunidad mayor. Esto ocurre sólo cuando la escasez de comida o agua las conduce a todas a lugares concretos. Entonces permanecen juntas durante el período de escasez. Algunas veces hay intercambio de individuos entre las manadas, pero pronto se vuelven a formar los grupos familiares.

No se trata de grupos familiares en el sentido humano. El elefante no es monógamo. El macho se asocia con la hembra durante el período de celo, permanece con ella los primeros meses de gestación y, entonces, la deja. Es sobre todo la hembra la que pierde el interés por el macho y se dedica enteramente a su futuro retoño. La gestación dura unos veinte meses y normalmente nace una sola cría. Rara vez se han visto casos de gemelos. El elefante recién nacido está muy unido a su madre, que a menudo elige a alguna de sus compañeras para ayudarle en la cría de su hijo.

Pocas horas después del nacimiento, el joven elefante, que pesa unos 75 kilos, es capaz de levantarse y caminar, y en pocos días se convierte en miembro de la manada. Crece con los otros jóvenes elefantes, juega, corretea y hace todo tipo de travesuras. Alcanza la madurez entre los 8 y los 10 años. Una hembra puede quedar preñada entre los 10 y los 15, pero la edad adecuada de madurez son los veinte años, como para los seres humanos.

Las madres se entregan totalmente a sus crías, las cuidan y protegen durante años. Después, cuando ya han crecido completamente, las madres aún las reconocen, posiblemente por el olor. Normalmente, aunque no siempre, la manada es dirigida por una hembra. Cuando la manada está en movimiento las hembras tienden a ir delante, con su líder a la cabeza. Mantienen a los más pequeños entre ellas; luego vienen los jóvenes elefantes, y finalmente los machos adultos y viejos. La comunidad de la manada es una unidad anímica. Un miembro enfermo o herido es llevado entre los demás y cuidado.

La manada es una cerrada comunidad de sangre, que vive y experimenta cosas conjuntamente, y responde a instintos comunales. Las crías muestran características individuales, que luego desaparecen lentamente al crecer y vuelven a aparecer en la vejez. Cuando esto ocurre, los viejos elefantes se separan de la manada y viven por sí mismos.

En la longevidad, el elefante también se parece al hombre. Es capaz de reproducirse hasta los sesenta años. En ese momento, la dentadura molar deja de regenerarse y, con su desaparición, el proceso de envejecimiento se extiende gradualmente a todo el cuerpo. ¿Hay de verdad cementerios de elefantes a los que los animales acuden a morir? Si es una leyenda o no, nunca se sabrá; demasiados elefantes mueren cazados y masacrados.

Ha sido posible, no obstante, recomponer cuáles solían ser sus condiciones naturales de vida: una manada familiar guiada por hembras, formando una comunidad que iba más allá de los individuos. Estos son vestigios de tempranas formas de sociedad humana.

Las otras tres características que los elefantes tienen en común con los hombres son su edad de maduración, el ciclo vital y la temperatura corporal; también el hecho de que sus colmillos sean dientes permanentes, que reemplazan en la infancia a los dientes de leche.

Estos diversos trazos nos indican un vínculo biológico cercano entre los elefantes y el hombre, aunque la forma corporal sea tan diferente. También nos surge la pregunta: ¿de dónde vienen los elefantes?

5. *Orígenes y migraciones*

Ya hemos mencionado el sorprendente hecho de que en tiempos prehistóricos unas 352 especies y familias de proboscidios se extendían casi por todos los continentes. El último superviviente de este vasto grupo de animales es el elefante africano *(Loxodonta)* y el elefante indio *(Elephas)*.

Hasta comienzos de este siglo sus orígenes eran un misterio, aunque se habían encontrado diversos esqueletos de proboscidios extintos. Eran gigantes, algunos un poco mayores y otros un poco menores que los elefantes actuales. Sus colmillos se orientaban directamente hacia delante, como en el *Anancus* y el *Palaeoloxodon*, o se curvaban hacia arriba, como en las diversas formas de mamuts. La estructura craneal era muy variada, así como la de los huesos de patas y pies mostraban distintas formas. Pero estos animales eran ramas de un árbol cuyo tronco aún no había salido a la luz. Entre 1901 y 1904, cuando dos investigadores ingleses, Beadnall y Andrews, estaban examinando las regiones que rodean al antiguo *Mare Moeris* en la provincia egipcia de Fayum, al sudoeste de El Cairo, buscando fósiles, descubrieron los huesos de unos animales desconocidos hasta entonces. Encontraron partes de una antigua vaca marina *(Eosiren)* y también un extraño animal, con una cresta ósea en su frente *(Arisnotherium)*, y tres especies diferentes de proboscidios. Se les llamó *Moeritherium* por el lugar en el que fueron encontrados. Estos especímenes, no mucho mayores que los actuales cerdos, ya muestran indicios de colmillos en la mandíbula superior. El cráneo también tiene células óseas con aire, como hemos descrito en el elefante, y los huesos de los miembros indican un parentesco con los proboscidios.

Carrington, de quien hemos tomado estos detalles, escribe en 1958:

> *Gran parte del Norte de África estaba cubierto por un antiguo mar, llamado Tetis, y en el lugar que ocupa el seco Sahara, se extendía una vasta región de pantanos y fértiles llanuras, que iba desde el centro del actual Océano Atlántico hasta los límites más orientales de Arabia. Este era el entorno en el que creemos los científicos que moraban los Moeritherium. Algunos aspectos de su anatomía sugieren que era un animal de los pantanos, con hábitos semiacuáticos. (9)*

Se trata, pues, de un animal relativamente pequeño, que posee exteriormente muchas señales y características del elefante, y que comenzó a desarrollarse en las aguas de los pantanos del Norte de África. En esta misma región, los científicos han encontrado en nuestros días restos de un animal similar, aunque mucho mayor, que surgió después, aunque llegó a ser contemporáneo del *Moeritherium*. Se supone que este animal ya estaba más adaptado a la vida en tierra firme. Con ellos convivieron las vacas marinas, que eran cercanas a la familia de los proboscidios, aunque totalmente acuáticas.

Por lo tanto, las raíces de los elefantes y de los animales emparentados con ellos son el mundo de las aguas y pantanos. Su cuna fue el Norte de África, y desde allí se extendieron hacia el Norte, Sur, Este y Oeste, creciendo y haciéndose cada vez mayores. Al crecer en tamaño, la trompa se desarrolló, como para equilibrar el enorme y fuerte cuerpo.

Carrington cree que:

> *Las primeras migraciones fueron a Asia, que entonces se convirtió en un centro para el futuro desarrollo y diseminación. De este segundo hogar, aparte de África, fue desde donde los proboscidios partieron en sus migraciones sobre la Tierra... (10)*

También se piensa que llegaron a América por Siberia y Alaska.

Tales conceptos, sin embargo, sólo se pueden mantener si uno pasa por alto la existencia del continente de la Atlántida y su historia. Pero si tomamos en serio las múltiples indicaciones que nos confirman su existencia antediluviana, entonces tendremos una mejor comprensión de la prehistoria de los proboscidios. En los primeros días de la Atlántida comenzaron a aparecer en lo que ahora es el Norte de África. Durante el Eoceno y el Oligoceno surgen el *Moeritherum*, el *Eosiren* y el *Philomia*.

A partir del Mioceno, tiempo correspondiente a las dos primeras épocas de la Atlántida, los grandes y poderosos proboscidios aparecen de pronto, el *Dinotherum* al Este, en el continente asiático, y el *mastodonte* al Oeste, en el centro del continente atlántico. Como especies dominantes que eran, se extendieron por el mundo, y prepararon el terreno para el hombre, mientras éste se adaptaba a la tierra. Ellos fueron los pioneros; el hombre vino después; su tarea fue preparar las condiciones de vida para sus hermanos humanos.

Rudolf Steiner a menudo mencionó que las condiciones atmosféricas en tiempos de la Atlántida eran muy diferentes de las de nuestro tiempo. El aire y el agua estaban muy mezclados, envolvían la tierra, y todo estaba recubierto de brumas perpetuas. Los contornos de las cosas flotaban en espesos velos de niebla, y no se podían ver, como los vemos hoy día, ni el sol, ni la luna, ni las estrellas.

La superficie de la tierra era blanda; la vegetación, rampante, y plantas tropicales recubrían el suelo. Si uno se guía por estas indicaciones, entonces puede comprender la verdadera naturaleza de la trompa de los proboscidios. Este órgano era el único medio de orientarse en la niebla. Con ella podían oler y detectar, tocar y percibir mucho de lo que estaba oculto a los ojos. La trompa era el periscopio con el que estas poderosas criaturas se guiaban entre los vapores y nieblas de la Atlántida.

Poco a poco, comiendo y digiriendo, ayudaron a

mermar el exceso de vegetación y de este modo se convirtieron en 'abridores de caminos' para el progreso de la humanidad.

Hoy día los elefantes aún aman el elemento acuático. Son los mejores nadadores de entre los mamíferos de tierra y pueden cruzar los más anchos y torrenciales ríos. También pueden vadear los ríos más profundos, con la punta de sus trompas sobresaliendo del agua. De modo que la trompa continúa siendo una especie de periscopio, y es usada como tal de vez en cuando.

Carrington escribe:

Los elefantes van a veces a bañarse o a revolcarse en charcas de barro, pues les encanta estar en el agua. No hay nada más divertido que ver una fiesta acuática de elefantes. Los animales se salpican y barritan, se echan agua sobre sí mismos o se tumban por completo, mostrando una expresión de placer como la de los caballeros que se refrescan a la orilla del mar. (11)

Blond (12) señala su vínculo con el agua:

En algunos casos, los elefantes del Chad pasan la mitad de sus vidas en el agua. En las enseñanzas antiguas de los bereberes y de la civilización neolítica del Nilo, se relaciona a los elefantes con el agua. En muchos dibujos rupestres aparecen elefantes cerca de las olas, símbolo del elemento acuático.

Y cierra ese capítulo, en el que describe a una manada bañándose y saliendo del río por la noche, con las siguientes palabras:

Salieron a la orilla unas enormes formas negras y relucientes como el carbón. Eran la imagen de la vida misma en sus comienzos, nacidas en la noche, emergiendo del agua y en camino hacia la conquista de la Tierra.

6. *Hombre y elefante*

Debió haber alguna vez una íntima conexión vital entre el hombre y los proboscidios. Conquistaron para el hombre el espacio en el que después este se asentó, tras haberles seguido hasta allí. Las tribus humanas de entonces estaban estrechamente ligadas por vínculos de sangre, como las familias de elefantes. La forma social dominante entre los hombres era también el matriarcado; luego surgieron gradualmente otras formas sociales (13). Entonces llegó el tiempo en el que el continente de la Atlántida se sumergió gradualmente bajo catastróficas inundaciones, y tomó forma la actual configuración de la tierra.

El destino de los proboscidios se selló con este cataclismo. Aquellos que no perecieron directamente, murieron poco a poco debido al cambio del paisaje. Algunos, como el mamut del norte, intentaron adaptarse a la glaciación, pero fueron exterminados por la nieve, el frío y el invierno perpetuos. Estos gigantes murieron en lucha con elementos más poderosos que ellos; su tiempo había pasado.

Pero junto con los hombres que abandonaron el continente que se hundía, y viajando con ellos hacia el Este, iban algunos animales, y de ellos surgieron los elefantes actuales. Rudolf Steiner distingue una corriente que fue hacia el Norte y otra más que fue más hacia el Sur:

Aquí tenemos una corriente en el desarrollo de la humanidad, que tiene su origen en ciertos pueblos que salieron de la antigua Atlántida hacia regiones más septentrionales. En su recorrido pasaron por regiones que hoy incluyen Inglaterra, el Norte de Francia, los Países Escandinavos, Rusia e incluso la India, en Asia. Otra corriente fue más al Sur; en su camino desde el océano Atlántico, recorrió el sur de España, pasó por África y desde Egipto llegó hasta Arabia. Estas dos corrientes, estas enormes migraciones, fueron desde la Atlántida hasta Oriente. (14)

Encontramos aquí explicación a las dos familias de elefantes que aún persisten. El elefante indio acompañó la corriente septentrional, y el africano fue con la corriente más meridional. Pudieron sobrevivir gracias a que se unieron a gente que huía de la Atlántida y buscaba nuevos medios de vida; son monumentos de una época pasada que han sobrevivido hasta nuestros días. Muchas pinturas rupestres en Europa y África son testimonio de la verdad de esta interpretación. En un estilo típicamente paleolítico, que corresponde al período de migración del hombre atlante, aparece claramente dibujado el contorno del elefante. Las famosas pinturas de la cueva del Pindal, en España, muestran a un elefante con un corazón, y los mamuts y elefantes del norte de Francia aparecen con colmillos rectos. Puede ser que el elefante indio descienda del *Anancus*, mientras que el africano se haya desarrollado a partir de los *mastodontes*.

En tiempos de la Antigua Grecia y Roma, las monedas presentaban a menudo elefantes adorando al sol y a la luna, tal vez porque vieron por primera vez estos astros tras el hundimiento de la Atlántida, cuando se pudo disfrutar por fin de una atmósfera clara, a través de la cual brillaron la luz y las estrellas.

Pero ha sido sobre todo en la India donde el elefante ha sido más venerado y adorado. El dios Indra era presentado a lomos de un elefante llamado Airavata, arquetipo del elefante, del cual todos descienden. En las conferencias de Munich anteriormente citadas, Rudolf Steiner describe a Indra como el más poderoso de los dioses que actúan tras los fenómenos atmosféricos, que está al mismo tiempo involucrado en todo el proceso de nuestra respiración. Si consideramos la íntima relación entre el elefante y los fenómenos atmosféricos, la imagen de Indra montando sobre Airavata adquiere un significado muy especial.

Hasta hace poco, en la India se les concedían los mayores honores a los elefantes blancos, seguramente ejemplares albinos. Si se capturaba alguno, se le llevaba en procesión festiva hasta el trono del soberano, que lo recibía con gran reverencia, y se le conducía a un edificio construido ex profeso. Era atendido por sirvientes y alimentado con las mejores comidas, y allí pasaba el resto de su vida. En la ceremonia de bienvenida a un elefante blanco se le dirigían unas palabras. Uno de los discursos acababa de la siguiente manera:

> *¡Oh, padre elefante, te lo suplicamos, desiste de tu deseo de permanecer en el bosque! ¡Mira este magnífico palacio, esta ciudad celestial! Está repleto de riquezas y de todo lo que tus ojos puedan desear y todo lo que tu corazón quiera poseer. Llegaste aquí por tus propios méritos para ver la ciudad, para disfrutar de sus riquezas y para ser el invitado favorito de Su Majestad, Rey de Reyes.*

También en los cánticos rituales de los pigmeos Africanos, entonados tras la caza del elefante, se habla del Padre Elefante:

Nuestras lanzas erraron,
¡Oh padre elefante!
No queríamos verte muerto,
No queríamos hacerte mal,
¡Oh padre elefante!

Esta identificación del elefante como figura paterna se repite con frecuencia en los cantos rituales y proverbios de la India y África. Sienten en el elefante a una entidad paternal, que forma parte de los cimientos celestiales del mundo.

En una leyenda que cuenta el nacimiento de Buda, podemos leer:

Y después de que el futuro Buda se convirtiera en un elefante blanco y vagara por las colinas de oro, se paró no lejos de allí, comenzó a subir las colinas de plata y se acercó (su madre) por el norte. En su trompa de plata tenía una flor de loto blanca y, tras emitir un grito que resonó muy lejos, entró en su casa dorada, se prosternó tres veces ante el lecho de su madre, tocó delicadamente su costado derecho y pareció penetrar en su regazo.

Airavata es el elefante arquetípico. Nos señala el lugar del que provienen todos los elefantes. Airavata actuaba a través del *Eosiren* y el *Moeritherum*; ha formado la *Phiomia* y todas las demás razas y familias de proboscidios que poblaron el globo. Después regresó a África y a la India, de donde venía.

El elefante blanco es como un anuncio y premonición de un mesías. La gente que se lo encuentra siente una especie de iluminación. La piel oscura de la raza se transforma en vestido reluciente, casi traslúcido, y de esa visión insólita emana una luz de futuro. En la leyenda del nacimiento de Buda que hemos relatado, el elefante blanco, que va de las colinas de oro (del Sol) a las colinas de plata (de la luna), tiene un significado simbólico cercano al de la Paloma en el ciclo de leyendas cristianas.

Desde la esfera de la creación vino el Padre Airavata, como sirviente del Dios Indra, su Señor. Sus criaturas invadieron la tierra en tiempos de la antigua Atlántida; ayudaron a aclarar la atmósfera y a iluminar el suelo. Tras terminar su trabajo, se les pidió que volvieran, y ahora sólo quedan vestigios de su antiguo poder. Éstos, desde entonces, están dotados de un carácter profético, que nos orienta hacia la esfera que llamamos 'la región del Espíritu Santo'.

Aquellos que una vez fueron reyes sobre la tierra, son ahora mendigos que esperan su redención. En ellos se pueden escuchar con claridad "los suspiros de las criaturas" (San Pablo). Aquellos que fueron señores son ahora sirvientes, y se entregan de buen grado a su destino.

La Raza de los osos y sus mitos

1. Los animales en la mitología

Los grupos animales son formas individuales que surgen, crecen y se extienden, para acabar desapareciendo del ámbito de las formas terrestres. Así pues, tienen su propio destino especial y bastante personal. No deberíamos dejarnos llevar por las consideraciones sobre la utilidad o nocividad de un animal, aunque cada vez nos encontramos con más frecuencia este enfoque en los escritos de Brehm y sus contemporáneos, así como en las obras de los escritores modernos; piensan con una teleología desgastada, basada en la predominancia humana. Un objeto puede ser útil, pero un animal es un ser. Tampoco se puede juzgar si un ser humano es útil o nocivo; cada ser humano merece vivir en la tierra, o no habría nacido.

Del mismo modo, cada grupo animal debería ser visto a la luz de su propia valía. Cierto, los animales son siempre miembros de su especie, familia, grupo y raza; pero tienen una misión en el plan de la creación que sólo ellos pueden llevar a cabo. La meta de una zoología del futuro debería ser el reconocer y describir esta misión. La actual investigación behaviorista es una primera puerta de entrada en esta nueva visión. Y cuando los fenómenos etnológicos reciban una interpretación más espiritual, se abrirá una puerta más. Para ello, sin embargo, no deben tomarse como modelo las relaciones entre el hombre y el animal, tal y como se han desarrollado en los países civilizados del mundo.

En grandes y pequeñas ciudades, urbanizaciones y suburbios, el hombre vive casi totalmente apartado del mundo de los animales. Ha creado reservas para sí mismo, y les ha dejado los restos de bosques y praderas. Allí donde aún hay hombres salvajes, en las selvas y pantanos del Amazonas, en algunas partes de África, en Borneo, las Celebes y Nueva Guinea, los seres humanos y los animales viven en una comunidad mucho más cercana; son conscientes unos de otros y actúan en función de ello, con, contra y para los demás, formando una comunidad viva, una simbiosis. Los animales tienen un profundo impacto en la vida de los seres humanos, y el hombre, a su vez, tiene un efecto decisivo en la existencia de los animales. No es simplemente miedo y superstición lo que se encuentra en las raíces de los tabúes, fiestas y rituales mágicos. El mundo anímico de los animales, sus actos, su comportamiento, las fantasías y experiencias suprasensibles conectadas con ellos impregnan el mundo imaginativo, el sentimiento y los actos de los hombres salvajes que viven con ellos.

De un modo muy similar, en sus comienzos, la humanidad estaba más íntimamente relacionada con los animales. Hubo un tiempo, durante el período atlante, por ejemplo, cuyos últimos vestigios conocemos por Platón, en el que no sólo los dioses y los héroes caminaban con forma humana entre los incipientes hijos de la tierra, sino que también las almas-grupo de los animales estaban cerca del hombre. Actuaban sobre el ámbito del mundo sensorial, y realizaban sus propios actos y proezas.

Dioses, héroes, almas-grupo, seres humanos y animales se relacionaban entre sí. Se comunicaban por actos y cultos, rituales y ceremonias; se tocaban e influían mutuamente en sus destinos.

En los huesos y pinturas rupestres que salen a la luz como restos de culturas pasadas encontramos las cenizas de estos acontecimientos. Sin embargo, no deberíamos asumir que sólo existieron estas cenizas: mucho de lo que entonces ocurría no pudo dejar huella: su base material era demasiado leve y frágil.

Los cuerpos y formas eran mucho más plásticas y moldeables de lo que son hoy día. Además, la división entre animal y hombre no era tan radical. Existieron transiciones morfológicas, no sólo con los monos, sino también con los carnívoros, los rumiantes, los elefantes y las morsas, las focas y los caballos. Panes y centauros no son quimeras fantásticas de pueblos de mentes primitivas: son puentes que una vez unieron entre sí a los grupos animales y a las razas del hombre en evolución. El *archaeopterix* es una forma transitoria comparable al centauro: une pájaro y reptil, mientras que el centauro hace un puente sobre el abismo que separa al ungulado con el hombre.

El poder mágico en los cuentos de hadas, por el que los hombres podían transformarse en animales y los animales en hombres, es un testimonio de sucesos naturales que ocurrían continuamente. La transformación era un modo primordial de comportamiento de todas las cosas vivas. Su poder llegó a extenderse incluso a la forma física; hoy día se limita a nuestra fantasía. En nuestras imágenes oníricas e imaginativas, la fantasía es capaz de crear lo que antes era una realidad física, corporal.

2. *La familia del oso*

Allí donde la constelación de la Osa Mayor mira a la tierra por la noche, en el Círculo Polar Ártico, los bosques de Canadá y Siberia, las nórdicas tundras de Rusia y muchas provincias de Escandinavia, tiene su hogar la tribu del Oso.

Se extiende también más al sur, pero su número y alcance se reduce a medida que se acerca al Trópico de Cáncer. Las formas de muchas familias se hacen más pequeñas y pierden en dignidad. Dos estrechos brazos alcanzan, a través del Ecuador, el Sudeste Asiático y Sudamérica.

En el hemisferio norte habita una raza fuerte y poderosa, que se reduce en número y variedad a medida que se acerca al Sur. Los diversos grupos de la familia de los osos se extienden como cinturones alrededor de la tierra, variando en su forma, como ocurre en Asia o en América. Parecen ser las bases de muchos conos con una punta común: la Estrella Polar y la Osa Mayor que la circunda.

En las heladas estepas del Círculo Ártico, vive el oso polar. Se siente en el Polo como en casa. Podemos leer en Brehm (1):

> *En la costa este del norte de Estados Unidos, en las Bahías de Baffin y Hudson, en Groenlandia y Labrador, en Spitzberg y otras islas, se puede ver al oso polar, tanto en tierra firme, como sobre hielos flotantes. En la isla de Nueva Zembla, en el norte de Siberia, allí donde haya hielo ártico, allí vive el oso polar.*

Un segundo anillo, que se extiende desde el este de

Asia hasta Norteamérica, está compuesto por los osos negros. Se extienden hacia el sur, sobre Canadá y las regiones de los Estados Unidos, hasta llegar a México.

El oso pardo es el oso común, más extendido y conocido por todos. Su tamaño varía, tiene formas y colores diversos y los zoólogos no lo tienen fácil para distinguir los numerosos subgrupos. En palabras de Brehm:

> *Si juntamos todas las especies mencionadas en una sola especie, tendremos entonces un área de distribución que se extiende desde España hasta Kamchatka y desde Laponia y Siberia hasta el Líbano y el Himalaya occidental. (2)*

En Europa aún habita en la mayoría de los grandes sistemas montañosos: los Alpes meridionales, los Abruzos, los Pirineos, los Cárpatos, los Balcanes, el Caúcaso y los Urales. Mora en los bosques de Suecia, Finlandia y Rusia; puebla Asia Central y del Norte, y puede encontrarse en Siria, Palestina, Persia y Afganistán. En el nordeste de Asia, alrededor de la cuenca del Amur, en Sajalín y Kamchatka (el oso de Kamchatka), viven especímenes particularmente grandes. Los osos pardos norteamericanos y los grizzlis son figuras imponentes; y el oso kodiac de Alaska es el mayor carnívoro del mundo.

En el Asia meridional, las densas selvas y pantanos de Birmania dan cobijo al oso negro asiático. También puede vérsele en el norte de la India y en Cachemira, en las laderas del Himalaya, y ha llegado incluso hasta el sudeste de Siberia.

Aún más lejos, al Sur, viven los osos bezudos. Se distribuyen a través de toda la India y son conocidos también en Sri Lanka. Hacia el sudeste, el oso malayo se extiende por Sumatra y Borneo.

Los dos grupos que llegan más allá del Ecuador son el oso de anteojos (andino), que habita en las lejanas cordilleras de Bolivia, y el oso malayo. En el sur de China y en América viven los osos pequeños, parientes lejanos de los verdaderos osos, con formas de martas o gatos (el mapache, la martucha, el coatí, el panda menor), aunque uno de ellos tiene una típica forma osuna, el panda gigante.

La distribución de la familia de los osos sobre la tierra muestra claramente, por tanto, que en las zonas nórdicas se encuentra como en casa. No hay osos en África, ni en Australia o Nueva Zelanda. El oso pertenece al destino de los tres continentes del norte, en los que la vida de los seres humanos ha echado profundas raíces, en sus acciones e intuiciones. El hombre está ligado a los osos; los respeta, los teme y les rinde honores. Lucha con ellos e intenta superarlos.

3. *Variedad y mutabilidad*

Los osos son un subgrupo de los carnívoros. Forman una familia muy particular, por méritos propios, como los perros y los gatos. Los zoólogos sitúan a los osos cerca de los perros, citando evidencias paleontológicas de que los osos evolucionaron en el Mioceno a partir de formas que se consideran antecedentes de los perros.

También hay alguna evidencia de un origen en el norte de Europa, aunque es extremadamente difícil poder asegurarlo. En cualquier caso, los osos están íntimamente relacionados con la ida y venida de las glaciaciones. En muchas cuevas europeas se encuentran grandes acumulaciones de restos del extinto oso de las cavernas *(Ursus spelaeus)*. Los restos de estos osos gigantes, presa frecuente de los cazadores paleolíticos, sorprenden por la variabilidad de la cabeza y conformación del hocico. Abel (3) dice:

Las formas del cráneo del oso de las cavernas, encontradas en estos estratos (últimas glaciaciones), varían enormemente, de tipos con frentes planas, reminiscencias de plantígrados primitivos, a formas con frentes excesivamente prominentes... Algunos cráneos destacan por la longitud del hocico, mientras que en otros el hocico es marcadamente corto... Otto Antonius señalaba con razón que el rango de variaciones de los cráneos del oso cavernario de Mixwitzer recuerda fuertemente a los de ciertos tipos de perros (pastor alemán, gran danés, dogo)... Sin duda que lo que aquí vemos es simplemente una inusual variabilidad en este oso, que sobrepasa con mucho el abanico de variaciones visible en el oso de Kamchatka.

Todos los osos muestran de muchas formas esta única habilidad de variar su forma básica. Así, Brehm escribe:

Entre los osos, no sólo el color, sino también el cráneo, parece extraordinariamente variable. A decir verdad, los individuos de una región no son difíciles de distinguir por su color de los de una región distante. Sin embargo, si uno compara las formas de los dos grupos y todas las variaciones que se producen, se hace difícil distinguir las formas de cada uno. (4)

Esta indicación es de gran importancia, porque caracteriza a toda la raza de los osos. Aparte de los tipos meridionales, los osos no tienen especies propiamente definibles o distinguibles; incluso el oso polar y el oso pardo están tan cerca el uno del otro que su cruce produce crías fértiles. Son tan mutables como la raza de los perros. Entre los perros, esta flexibilidad está relacionada con su cercanía al hombre. También el oso está muy cerca del hombre. Incluso hoy día algunas tribus, como los ainu del norte de Japón y en las islas Kuriles y Sajalín, así como los tungus y gilyaks, tienen una relación íntima, de hecho, religiosa, con los osos que viven en los alrededores.

El hombre nunca ha llegado a conseguir con los osos lo que ha conseguido con los perros, su amaestramiento y entrenamiento. Uno puede, por supuesto, encontrarse aquí y allá con un oso amaestrado, pero la raza en su conjunto ha permanecido salvaje y libre. El oso está cerca del hombre; pero parece un igual que nunca ha sido subyugado. Los osos huyen de los seres humanos que les exterminan, y dejan en paz a los que tienen buena disposición hacia ellos. El oso puede vivir con el hombre, en tanto sea respetado como una raza independiente. La variedad en formas y colores que la raza de los osos ha preservado recuerda a la gran variedad de las razas de la humanidad. Aquí encontramos conexiones que no pueden ser comprendidas totalmente hoy en día; pero, ambos, el oso y el perro, muestran esta característica que no se encuentra en ninguna otra criatura.

4. La naturaleza del oso

El oso no sólo vive cerca del hombre; en algunos otros aspectos está más relacionado con nosotros que la mayoría de los otros animales. En primer lugar, camina sobre la planta del pie, apoyando todo el pie en el suelo, incluido el talón. La planta del pie no tiene pelo, excepto en el oso polar, y muda la piel una vez al año.

El oso puede mantenerse en pie; se acerca a su oponente en posición erguida, y pelea con él en esta posición. En la maravillosa obra de Kleist "En el Teatro de Marionetas" se describe una pelea así:

> *Cuando, sorprendido, me coloqué ante él, el oso se irguió sobre sus patas traseras, y apoyando su lomo en el pilar al que estaba atado, levantó su zarpa derecha, dispuesto a atacar, y me miró a los ojos: era su posición de esgrima.*

Y después de vanos esfuerzos por golpear al oso, el espadachín exhausto:

> *No sólo paró el oso todos mis golpes como el mejor espadachín del mundo, sino que, además, no reaccionó a ninguna de mis fintas (y ningún espadachín en el mundo le igualaría en esto): mirándome fijamente, como si pudiera leer en mi alma, se mantuvo en pie con su zarpa lista para golpear, y cuando mis golpes no iban en serio, no se movía.*

Cuando el oso huye, se pone a cuatro patas y se aleja con su paso oscilante. Poppelbaum (5) dice que el oso al andar tiene "un trote desmañado, un poco torpe y desgarbado; no tiene un verdadero galope". Este modo de locomoción está conectado con el hecho de que las patas delanteras del oso son más cortas que las traseras. Son brazos, no patas delanteras; con ellas puede sacudir las bayas maduras de los arbustos y llevárselas a la boca. Puede escarbar hormigueros y llevar su contenido, larvas y hormigas adultas, a sus fauces abiertas; igualmente puede abrir panales, sacar la miel con sus zarpas y metérsela en la boca.

El esqueleto de un oso a cuatro patas da la impresión de que este animal está hundido hacia delante. La columna, con la cabeza saliendo de ella, cae hacia delante sobre sus cortos brazos. Sería erróneo pensar que el oso era cuadrúpedo y más tarde consiguió erguirse. ¡Más bien fue al revés! El oso era una criatura que en un tiempo se movía erguido, pero se 'cayó' hacia delante, tal como aún hace cuando huye o vagabundea. Lo suyo fue una caída en la animalidad.

Todos los investigadores hablan de la doble naturaleza del oso. Por un lado hablan de su buena y pacífica disposición, de su actitud apacible hacia el hombre y de la paciencia de la que hace gala. El guarda forestal Krementz resume su larga experiencia con los osos en los pantanos de Rotkino con estas palabras:

> *Nunca he oído hablar de ningún caso en el que un oso haya atacado a hombres durante sus merodeos o encuentros con ellos. Más bien al contrario, en la mayoría de los casos, sale huyendo... El oso es bueno por naturaleza, aunque no hay que fiarse en todas las circunstancias; en particular no le gusta que le irriten, o que le sorprendan durmiendo. (6)*

No obstante, una vez molestado, sorprendido, asustado o atacado de improviso, surge el otro lado de su naturaleza. Entonces se yergue, se vuelve salvaje y peligroso. Golpea a animales y hombres, entra en los rediles y mata al ganado. Así es como el cuadrúpedo bonachón, vegetariano, torpón, se convierte en un bípedo y salvaje predador. Se yergue para la batalla. Pero no es un verdadero carnívoro; cuando es un apacible vegetariano, se parece mucho a un perro amaestrado. Pero cuando se pone sobre sus dos patas para pelear, surge en él su naturaleza carnívora y se convierte en un protohumano furioso.

Un signo de su inteligencia es que el oso regula su comportamiento en función de las circunstancias: será confiado o precavido, dependiendo de lo que sienta. Aunque viva en las cercanías de un pueblo, no se dejará ver durante años por nadie, pues sabe muy bien cómo esconderse y cómo ir secretamente a buscar comida por la noche. (7)

Sin embargo, el oso no es un animal propiamente nocturno. Se le puede encontrar de día en cualquier lugar, en solitarios claros de un bosque, en densas regiones pantanosas y en las junglas del sur de Asia. El oso evita al hombre; pero dudo que le tema. Le evita por una especie de vergüenza, que es al mismo tiempo una forma de nobleza. Siente su profunda relación con los seres humanos. Intuye que él una vez estaba erguido, como el hombre lo está hoy día.

El oso, como el hombre, tiene brazos y camina con las plantas de los pies, pero la cabeza y el rostro están cubiertos con una espesa capa que cubre sus brazos con 'mangas' y las manos con 'guantes'. Bajo esta cubierta, sin embargo, como en el cuento de "Blancanieves y Rojaflor", vive el príncipe, cuya vestimenta dorada reluce a través de ella.

¿Es tan sorprendente, entonces, que los osos, que nacen ciegos, desnudos y pequeños como ratas, necesiten seis años completos antes de llegar a la edad adulta? Pasan todo este período con sus madres; el padre no les hace caso. Estos oseznos están, en muchos sentidos, más cerca del hombre que sus mayores. Según Gerlach:

> *Lo más cómico de estos oseznos es su parecido con el hombre en muchos movimientos, en su pesado caminar, en su capacidad de permanecer de pie y de usar las patas delanteras como manos. (8)*

En la película de Walt Disney "Naturaleza Blanca", podemos ver a unos oseznos polares jugando. Hacen bolas de nieve y se las lanzan unos a otros, se lanzan por las pendientes nevadas sobre sus espaldas como niños. Retozan, se molestan y juegan como sólo un niño humano puede hacer.

¿Es esta quizá la razón por la que el osito de peluche es un juguete tan amado por los niños? Como el oso nunca ha sido domado, le hemos copiado y hecho compañero de nuestros hijos. El osito de peluche es la forma 'encantada' del oso salvaje.

5. La actitud del hombre hacia el oso

Esta cercanía con el hombre, que emerge tan claramente en el carácter de los osos, se hace aún más vívida cuando investigamos los tipos de comportamiento humano hacia la familia de los osos.

Los ainu, que ya hemos mencionado, tienen una conexión particularmente íntima con ellos. En cada pueblo instalan jaulas especiales para criar oseznos. Los oseznos son arrebatados de su madre muy pronto y son amamantados por las mujeres ainu; más tarde, crecen en las cabañas, con los hijos de sus padres adoptivos, hasta que son lo suficientemente grandes como para ir a la jaula. Allí se quedan unos dos o tres años, hasta el 'Festín del Oso'.

Frazer le dedica un capítulo especial a esta fiesta e intenta recopilar todas las descripciones existentes. Es un festival anual, celebrado en mitad del invierno o del otoño. Todo el pueblo participa. Primero, el padre de la fiesta avanza hacia la jaula y se dirige al oso cautivo:

> *Oh, tú, ser divino... has sido traído al mundo para que te cacemos.*
> *Oh tú, preciosa y pequeña divinidad, te adoramos; escucha aquí nuestra plegaria.*
> *Te hemos alimentado y criado con mucho sufrimiento y dolor, todo porque te amamos. Ahora te has hecho grande y te vamos a enviar con tu padre y con tu madre.*
> *Cuando les veas, háblales, por favor, bien de nosotros y cuéntales lo buenos que hemos sido contigo; por favor, vuelve con nosotros de nuevo y te sacrificaremos. (9)*

Entonces sacan al oso de la jaula y le llevan, atado, en procesión por el pueblo. Después de esto, le disparan con flechas; y cuando se ha enfurecido, le estrujan el cuello entre dos fuertes postes.

Entre los gilyaks, el oso es conducido a cada casa del pueblo y alimentado con gachas por todos los habitantes. Después se le atraviesa el corazón con una flecha, mientras que las mujeres lloran y se lamentan con un canto fúnebre.

Tanto entre los gilyaks, como entre los ainu, la cabeza del animal, junto con el resto de su piel, se coloca en un asiento de honor dentro de la casa, y se ofrecen su carne y su sangre en un rito ceremonial. Después, las entrañas y la carne se cocinan ritualmente y se consumen en un ágape comunal. Se va pasando la copa que le fue ofrecida al animal y cada uno bebe de ella. La copa recibe el nombre de 'Copa de la Ofrenda'.

La celebración dura varios días. Las mujeres realizan danzas sagradas y, al final, todos los presentes, saltando por la puerta para salir fuera, reciben del más anciano del pueblo un golpe con una vara de abedul.

Los nanai llaman a estos osos de sacrificio sus hijos y hermanos; y muchos de los ainu dicen que descienden de los osos, y se llaman a sí mismos 'hijos de los osos'. El oso, sin embargo, es el dios de las montañas; y la gente dice: "Yo soy el hijo del dios de las montañas. Desciendo del ser divino que rige sobre las montañas".

Frazer intenta entender todos estos hechos aislados:

Se nos dice expresamente que los ainu de Sajalín no consideran al oso un dios, sino un mensajero hacia los dioses, y que al matarlo llevará el mensaje consigo. Aparentemente, los gilyaks también ven al oso como a un enviado, que va hacia 'El Señor de las Montañas' cargado de regalos, y de quien depende el bienestar del pueblo. Al mismo tiempo le tratan como si fuera de un orden superior al humano, como una deidad menor, cuya presencia en el poblado, mientras sea alimentado y cuidado, es portadora de bendiciones. Sobre todo manteniendo a raya los ataques de los espíritus del mal que constantemente están al acecho, roban bienes y destruyen los cuerpos con enfermedades y pestes. (10)

El oso, alimentado y mantenido como un animal de sacrificio, es ciertamente un mensajero de los dioses; y es que forma parte de ese gran ser, 'Oso', que esos pueblos conocen y reconocen en sus acciones. Así como el alma humana regresa después de la muerte a los mundos superiores, el alma del animal sacrificado se reúne con su 'padre y madre', es decir, entra en su hogar espiritual.

Los ainu, los tungus y los gilyaks viven rodeados de osos; y cada noche, sobre todo en invierno, ven la Osa Mayor brillando directamente sobre sus cabezas. Seguramente tienen la intuición de que allí arriba está el hogar de los seres que toman la forma de oso aquí abajo. Es muy interesante oír que:

Las siete estrellas que constituyen la Osa Mayor no tienen el más mínimo parecido con la forma de un oso, pero son conocidas casi universalmente con ese nombre, incluso entre los nativos de países donde no existen osos. (11)

Por lo tanto, no es el parecido lo que lleva a los pueblos 'primitivos' a darle ciertos nombres a las constelaciones. El hombre primitivo tiene facilidad para los sueños y vive en imágenes; percibe la presencia del ser-oso en el carro celestial y nombra a la constelación a partir de su imagen interior. Bayley añade:

Esta constelación fue llamada en un tiempo el Rebaño; y todos los indicios parecen indicar que la Osa Mayor era un símbolo del Gran Espíritu, de la Triple Perfección, de la Luz del Mundo, del Alfa y el Omega, o de Jesucristo.

¿Nos sirve esto para comprender la imagen del rebaño que aparece en el capítulo diez del Evangelio de San Juan? Y las palabras de Cristo:

> *Sí, os lo aseguro: el que no entra por la puerta en el recinto de las ovejas, sino saltando por otro lado, ése es un ladrón y un bandido. Pastor de las ovejas es quien entra por la puerta, a ése le abre el guarda y las ovejas escuchan su voz. Llama a las suyas por su nombre y las saca fuera; cuando ha sacado todas las suyas, va delante y las ovejas le siguen porque conocen su voz. (Juan 10, 1-4)*

Podría ser que el oso fuera el guarda, el guardián del rebaño. ¿O es un ladrón y un bandido? En el primer libro de Samuel, David le dice a Saul para obtener su permiso para luchar contra Goliat:

> *Tu servidor es pastor de las ovejas de mi padre; y si viene un león o un oso y se lleva una oveja del rebaño, salgo tras él, lo apaleo y se la quito de la boca; y si me ataca, lo agarro por la melena y lo golpeo hasta matarlo. Tu servidor ha matado leones y osos; ese filisteo incircunciso será uno más, porque ha desafiado a las huestes del Dios vivo.*
>
> *Y añadió:*
>
> *El Señor, que me ha librado de las garras del león y de las garras del oso, me librará de las manos de ese filisteo (Samuel 1, 17:34-7)*

Esto nos lleva a nuevos aspectos y preguntas. En la ciudad de Berna aún se conserva una jaula de oso en la entrada de la ciudad antigua, al igual que las que tienen los ainu y los gilyaks. Además, si recordamos la imagen de la jaula en la que la bruja tiene cautivo a Hansel en el cuento de hadas, donde lo ceba para luego comérselo, ¿no parece un vestigio de esas jaulas de oso de Japón y Suiza?

Muchas ciudades (incluidas Berlín, Berna y Bernburgo) tienen el oso tanto en su nombre, como en su escudo de armas. Se le considera un protector de la comunidad humana allí asentada; es parte de esa Osa Mayor que rodea a la Estrella Polar y guarda el eje, la entrada al mundo de la Tierra.

6. Imágenes del Mundo Clásico

Así emergen las imágenes y tienden gradualmente a integrarse en el conjunto. Los huzules, por ejemplo, que viven en los Cárpatos, tienen tal respeto hacia el oso que no le llaman por su nombre. Le llaman 'pequeño tío', o, con gran frecuencia, 'el grande'. Los lapones, cuando han cazado y matado a un oso, deben seguir toda una serie de ritos. Durante tres días los cazadores siguen unas ceremonias de purificación y sólo al final de este tiempo se les permite entrar en las cabañas de las mujeres. Además, los renos que han tirado de los trineos en los que se lleva al oso no deben ser tocados o alimentados durante un año entero (12). Las compañeras de la diosa Artemisa eran llamadas las arktoi (las osas); Kerényi (13) añade:

> *Artemisa fue considerada en una época una osa y en tiempos aún más antiguos, cuando la fauna de Grecia era más meridional, una leona.*

También cuenta la historia que Calisto, compañera de Artemisa, quedó encinta de Zeus, quien se le apareció bajo la forma de un oso. No obstante, al igual que todas las compañeras de Artemisa, había jurado eterna virginidad y cuando, durante el baño, la diosa vio el cuerpo de su amiga tan abultado, se enfadó y la transformó en un oso. Bajo esta forma dio a luz a un hijo, Árcade. Calisto, sin embargo, siguió siendo un oso y vivió en los oscuros bosques. Pero un día se encontró con su hijo, que se había convertido en un gran cazador. En la versión de Schadewaldt:

La madre lo reconoce y se para, queriendo acercarse a él dulcemente, pero él solo ve en ella a un animal salvaje; levanta su arma para golpearla y seguramente la hubiera matado —pero, de repente, Zeus se lleva a los dos y los coloca como dos estrellas cercanas en el lugar más hermoso del cielo, cerca del polo estelar. (14)

¿No somos nosotros como Árcade, que sólo ve al animal en el oso, y no a la madre que le dio vida?

La palabra 'bear' (oso) tiene, por medio de la letra b, un elemento maternal y protector. Fuhrmann (15), tal vez yendo un poco lejos, dice:

Intimamente relacionada con la raíz 'bär' (oso), 'boar', 'björn', está oso en sueco 'barn', que significa simplemente 'niño'. Como al Polo Norte se le considera la fuente de la vida en estos casos, se le puede llamar el punto matriz o madre, por lo que al primer animal que vino de él bien se le podría llamar 'hijo'... 'Bär' es también 'ab-ra', el sol ausente, es decir, el Norte.

No es fácil decidir si estas interpretaciones están justificadas. Dan algunas indicaciones, pero deben utilizarse con gran cuidado. No obstante, es interesante encontrar la misma raíz lingüística en las palabras nórdicas oso e hijo (barne). También están relacionadas con ellas palabras como 'birth' (nacimiento) y 'to bear' que significa llevar, acarrear, tolerar.

La palabra Árcade parece ser aún más importante. Árcade, el hijo de la osa Calisto, aparece en las antiguas sagas como el hijo de la propia Artemisa, cuando aún tenía forma de oso. Árcade era el padre del pueblo que habitaba en la región de Arcadia en el Peloponeso. Los griegos llamaban a este pueblo los 'comedores de bellotas' y creían que eran 'más antiguos que la Luna' (16).

"Árcade, dice Kerényi (17), está relacionado con oso, arktos". Además de esto, el nombre tiene una clara similitud con el nombre del último gran pueblo de la antigua Atlántida. Eran los acadios, y vivían en las regiones más septentrionales del posteriormente sumergido continente. Allí los acadios se encontraron con los restos de los hiperbóreos. Estos últimos eran un pueblo que apenas se había encarnado en la tierra, y vivían enteramente en el ámbito anímico. Los acadios habitaban en aquellas regiones que posteriormente, después del hundimiento de la antigua Atlántida, es decir, al final de las glaciaciones, emergieron como el norte de Canadá, como Groenlandia, Escandinavia y Siberia. Estas regiones del Círculo Ártico debemos verlas como la cuna de "La familia del Oso".

¿No es muy significativo que en la mitología griega, Apolo, hermano de Artemisa, regresara cada año a Hiperbórea? Además, Leto, madre de ambos, vino de aquella tierra. Apolo, en su ser y en sus actos, encarna el carácter básico del hombre acadio al que Rudolf Steiner describe de la siguiente manera:

El pueblo de la sexta sub-raza (los acadios) desarrollaron el poder del pensamiento aún más... Esta nueva facultad calculadora del pensamiento les llevaba a buscar lo novedoso y empujó a los hombres a emprender aventuras. Así fue como los acadios se convirtieron en pioneros entusiastas, inclinados por la colonización. (18)

Y podía haberse dado el caso de que ese afán colonizador les hubiera llevado al Peloponeso, lo que hubiera dado lugar a la Arcadia. La Arcadia era también el hogar del dios Pan, al que Eurípides considera hermano gemelo de Árcade. Pan era uno de esos seres intermedios, como el oso. Y como él también, era inofensivo y de buen carácter, pero podía volverse malicioso y salvaje, sobre todo cuando perturbaban su siesta, alrededor del medio día. Pan, que aparece bajo muchas formas —como hijo de Cronos, de Zeus, de Hermes— tiene pies de cabra y un rostro salvaje y peludo.

Las conexiones que estamos sugiriendo no quieren ser interpretaciones, sino indicadores de una dirección en la que aún se pueden encontrar más vínculos. Así, se podrán comprender estas indicaciones de una manera más concreta y relevante.

7. Una geología espiritual del oso

Ahora consideraremos dos características en particular, porque ponen de relieve, más que ninguna otra, la estrecha relación del hombre con el oso.

El oso no es un animal gregario. Merodea solitario por bosques y pantanos; y si varios osos se encuentran en torno a unas frambuesas o en un río salmonero es pura coincidencia. En contraste con otros carnívoros (leones, lobos), el oso es un animal solitario. Tampoco permanece cerca de su familia; sólo en verano, durante la época de celo, le encontramos con la osa. Luego la deja; y en otoño ella sola busca una cueva, un tronco de árbol hueco o un espeso cobertizo de hojas en el que pueda dar a luz a sus cachorros en diciembre o enero.

Ninguna explicación o fantasía sobre la adaptación al medio puede encontrar un razonamiento aceptable para explicar por qué los pequeños oseznos nacen indefensos y desnudos en la estación más fría del año. Es más bien lo opuesto a la 'lucha por la supervivencia', ya que, además, el padre oso está ausente justo en ese momento e hiberna en algún refugio lejano.

Rudolf Steiner indica que en los primeros tiempos de la evolución humana —durante el período atlante, por ejemplo— todos los nacimientos humanos tenían lugar en torno al solsticio de invierno. A menudo decía que en los primeros tiempos de la evolución, la reproducción humana estaba aún vinculada al ciclo de las estaciones. Sólo se podía concebir en primavera, cuando se activaban las fuerzas correspondientes y, por lo tanto, el nacimiento sólo ocurría a finales de año.

Este comportamiento cambió, ya que la humanidad se deshizo gradualmente de sus ataduras con la naturaleza. Sólo en algunas tribus germánicas, en los *ingavones* por ejemplo, persistía este rasgo aun en el tercer milenio antes de nuestra era (19). También los osos han mantenido este rasgo. Todavía tienen a sus oseznos en el solsticio de invierno, preservando así una condición pre-humana que nada tiene que ver con la adaptación al medio, sino que más bien representa un recuerdo de aquellos tiempos.

¿No tienen razón los huzules al llamar al oso 'pequeño tío', es decir, hermano de su padre? ¿O los ainu y gilyaks que en sus fiestas del oso llaman al animal el mensajero de su patriarca? Al celebrar las fiestas del oso, se conectan con sus ancestros. En realidad están celebrando una misa pre-cristiana y es muy probable que esos ainu sean los últimos vestigios de los antiguos acadios. Su origen es desconocido. Al principio se les consideró los habitantes originales del Japón, pero esta hipótesis ya no se tiene en pie, como dice Bernatzik (20):

> *Recientes estudios indican que los ainu probablemente tuvieron muy poca influencia en el desarrollo del pueblo y la cultura (elementos árticos) japoneses... sus particulares rasgos físicos son: fuerte, de constitución compacta, notable formación capilar, (especialmente en la cabeza y el rostro), frente ancha, ojos hundidos con pliegues mongoloides, nariz ancha y plana...*
> *Su lenguaje debe considerarse por ahora como un caso aislado.*

Así, tenemos un pequeño grupo étnico aislado, sin rasgos mongoloides, ni malayos, ni indoeuropeos. Esta gente es pequeña de estatura, muy peluda y está íntimamente relacionada con la familia del Oso, como muestran sus fiestas.

En varios cuentos de hadas alemanes aparecen elementos similares. En la historia de "Piel de Oso", un hombre se convierte durante siete años en un oso por medio de un pacto con el diablo. "El pelaje le cubría el rostro casi por completo, su barba parecía de espeso fieltro, sus dedos tenían garras". También en la historia de "Blancanieves y Rojaflor", un ser humano es convertido en oso hasta que, por la muerte del enano que le encantó, recobra su forma humana.

De este modo, nos encontramos con retazos de la evidencia, algunos más evidentes que otros, de que la raza de los osos fue en un tiempo un grupo humano. Probablemente estaba relacionado con los acadios que vivían en el lejano Norte, en la antigua Atlántida, cuando las glaciaciones comenzaron. La paleontología actual sitúa el origen de los osos (como ya hemos mencionado) a finales del Terciario, en torno al Mioceno. Esta época geológica corresponde a las últimas fases de la Atlántida. Von Gleich (21) escribe:

Durante la segunda mitad del período Atlante, el clima cálido y húmedo del Mioceno y del Oligoceno, períodos del Terciario, se tornó, al principio, en un clima fresco y finalmente en uno muy frío.

Y sobre el Mioceno, Theodor Arlt dice:

En Europa, las palmeras retrocedieron hacia el sur a través de la región alpina. Incluso en Europa Central las hojas se vieron afectadas por las heladas, pese al suave y húmedo clima que prevalecía. En el Ártico las temperaturas cayeron significativamente. Así fue el tiempo en el que el Polo Norte se desplazó desde el estrecho de Bering hacia Groenlandia, provocando algunas olas de frío en Europa y anunciando la glaciación que estaba por venir mucho después.

Era el tiempo en que algunos de los acadios migraron hacia el sur, este y oeste. Otros, que no sentían la inquietud que había despertado en su gente el poder del pensamiento, comenzaron a prepararse para la llegada del invierno en el mundo. Estos fueron los comienzos de la familia del oso. Comenzaron a desperdigarse alrededor del Círculo Polar Ártico, y las masas de hielo que descendían les empujaron hacia el sur, errando por toda Europa, Asia y América hasta el Trópico de Cáncer. Hacia el Polo Norte se transformaron en el oso polar; más al sur se desarrollaron como el oso pardo, el grizzly y todos los demás tipos que conocemos.

El oso es el animal del invierno. Se ha cubierto con una espesa capa de pelaje y se retira a sus cuevas para resguardarse de la nieve y el frío. Bajo la forma del oso polar, sin embargo, es capaz de luchar con el invierno. Por eso al oso le encanta la miel, el precioso regalo del sol del verano, porque por medio de las fuerzas activas en ella, puede soportar el frío. En la magnífica runa 46 del Kalevala, se habla del oso:

"¡Háblanos del nacimiento de Otso!
¿Nació en un pesebre,
fue alimentado en el baño,
es de origen innoble?"
Esta es la respuesta de Wainamoinen:
"Otso no nació mendigo,
no nació en la espesura,
no fue acunado en un pesebre;
Zarpa de Miel nació en el éter,
en la región de la Luna,
sobre los hombros de Otava,
con las hijas de la creación...

Arriba, en los cristalinos cielos invernales del Norte, sobre los hombros de la Osa Mayor, allí es donde nació el oso. Pertenece a la naturaleza invernal; es el carnívoro invernal que una vez fue humano y que aún lleva esa humanidad escondida en su interior.

Sus compañeros se fueron al sur. Allí dieron lugar a las figuras de Pan, Sileno y los sátiros. Artemisa y Apolo, a los que una vez perteneció el oso, contaron el destino de los osos a los griegos y a todas las siguientes generaciones de hombres. Es el destino de los hielos, el destino del hundimiento de la Atlántida, el destino de la humanidad hundiéndose en la animalidad. Y así podemos comprender la advertencia de Rudolf Steiner (22):

> *Si queremos conocer al hombre de los tiempos prehistóricos, no debemos buscar en los estratos geológicos de la tierra, pues la corporalidad de aquel hombre estaba aún fuera de su cuerpo físico.*
>
> *Es absurdo excavar la tierra; en ella nunca encontraremos más que rastros decadentes del hombre prehistórico. Pero en los estratos de la vida espiritual humana, en los estratos de la geología espiritual que han sido preservados para nosotros en la magnífica mitología griega, allí encontraremos al hombre atlante medio, normal, del mismo modo que encontramos caracolas y conchas en los estratos geológicos de la tierra. Estudiemos la configuración de los faunos, de Pan y de Sileno; ahí es donde tenemos los fósiles espirituales que nos conducirán hacia la humanidad prehistórica de la Tierra.*

Hemos intentado trazar esta 'geología espiritual' del oso y ahora hemos llegado a las intimidades de su origen. Aún tiene mucho que errar hasta que se cumplan las palabras de San Pablo, por las que toda la creación gime y suplica la salvación. El Kalevala, de hecho, nos habla de la peregrinación de los osos:

Otso, tú, mi comedor de miel,
mi bola de peluche de los bosques,
adelante, adelante, debes viajar
y alejarte de tu baja y solitaria morada.

Gatos y Perros
Compañeros del hombre

1. La naturaleza de los gatos y los perros

Desde los tiempos más antiguos, el perro ha acompañado al hombre en su camino. Los dos están tan íntimamente ligados entre sí que cabe preguntarse si no ha sido así siempre, si es que ha habido realmente un tiempo en el que el hombre y el perro hayan vivido por separado. Es difícil responder, porque la paleontología del perro aún se confronta con grandes enigmas. Se nos presenta con tantas capas y formas diferentes que parece imposible una respuesta clara y concisa.

Todavía se busca la forma ancestral única de la que pudieran proceder, a través de la mezcla y la selección, las casi incontables variedades de tipos antiguos y modernos de perros. Sin embargo, todas las representaciones que nos han llegado del pasado, en las tablas egipcias, sellos babilonios y ánforas griegas, nos muestran los diferentes tipos de perros conocidos por nosotros y algunos olvidados: grandes y pequeños, de hocico afilado o chato, de un color, de muchos, moteados, de pelo largo o corto, con orejas grandes o pequeñas. Por tanto, si miramos atrás tres milenios o más, podemos ya reconocer al perro pomerano, al setter, al pastor, al galgo, al dogo faldero y al spaniel.

Además, la paleontología ha descubierto una variedad similar de esqueletos, lo que nos permite postular la existencia de la mayoría de las especies de perros a comienzos de la Edad de Piedra. En esta área, las investigaciones de Theophil Studer son particularmente significativas (1). Intentó realizar una primera ordenación del material disponible a finales del siglo pasado; y aunque sus hallazgos no son fidedignos hoy, sus conclusiones fundamentales son muy indicativas. Distingue dos formas básicas: una al Norte, el perro paleo-ártico, y otra al Sur, que se extiende hasta la India y Australia. Ambos acompañan al hombre y nunca aparecen como formas salvajes. Generalmente se piensa hoy día que el continuo cruce de perros con lobos y con chacales ha dado lugar al abanico de formas que se encuentran en las grandes familias caninas por toda la tierra. Efectivamente, es característico de los perros y los lobos el tener un cuerpo sorprendentemente plástico, capaz de adaptarse a nuevas condiciones en muy poco tiempo. Por ejemplo, los lobeznos domesticados de nacimiento tienen cráneos y hocicos más cortos que sus hermanos salvajes. Además, la increíble variedad entre los propios perros, desde el diminuto pequinés hasta el enorme galgo ruso, es prueba de la plasticidad de su forma. Ciertamente ningún otro animal puede compararse con el perro en este aspecto.

Al perro se le llama "el más antiguo animal doméstico" porque ya en los comienzos de la historia del hombre estaba conectado con su amo. En un antiguo libro de leyes persa se dice que el mundo entero existe sólo gracias a la inteligencia de los perros (2). Su poder alcanza desde el cielo al infierno, desde abajo, en el reino de las sombras, guarda la entrada al submundo bajo la forma de cerbero. Los hindúes, por su parte, adoran a Yama, Dios de los Muertos:

Para ellos, es el primer hombre que encontró, en la muerte, el camino hacia las luminosas alturas para muchos de los que nacieron después de él y allí reina como el recolector de la humanidad.
Sus perros vigilan la entrada del cielo. (3)

El perro está en el umbral de la muerte que el hombre debe atravesar. Esto permite comprender por qué encontramos, en muchas tumbas inglesas y francesas, grabados de caballeros difuntos con sus suelas descansando sobre el cuerpo de un perro.

Sin embargo, ¿es realmente correcto llamar animal doméstico al perro, situándolo así a la altura de las vacas, las ovejas, las gallinas, los cerdos y los caballos? ¿No ocupa una posición diferente a los otros? Para todos los demás animales domésticos construimos establos, cultivamos praderas y pastos manteniéndolos cerca de nosotros. Con el perro y el gato compartimos nuestras casas y habitaciones, aunque a veces tengan una caseta o una cesta para resguardarse y descansar. Ambos, el perro y el gato, están mucho más cerca del hombre de lo que la vaca y la oveja llegarán jamás a estar. La posición del caballo es ya más especial; hablaremos de ello en otro capítulo.

Vemos que el perro y el gato acompañan al hombre desde tiempos muy antiguos, con una relación más íntima que ningún otro animal. Algunos de los animales que están cerca del hombre no pueden vivir sin él. Muchas aves, como los cuervos y los grajos, las palomas y las golondrinas, los búhos, cisnes y cigüeñas y sobre todo los gorriones, buscan la cercanía del hombre. Los osos, así como los elefantes, hienas y búfalos, están muy cerca de nosotros, pero han mantenido su propio espacio vital; viven cerca del hombre, no con él. Las leyes naturales y las estaciones aún están muy ligadas a su ser; el animal y el entorno se complementan como uña y carne.

Con los animales domésticos es diferente. Por medio de la domesticación se han separado de sus conexiones naturales. Necesitan establos y cuadras, vallados y prados, porque ya no son capaces de conseguir cobijo y alimento por sí mismos. La lucha, el ansia de supervivencia y la vida salvaje se han transformado en servidumbre, docilidad y seguridad. Ahora la leche fluye casi sin fin; los huevos y la lana son entregados generosamente. Una vez cerca del hombre, le sirven.

Los perros y los gatos, sin embargo, no son sirvientes; por lo que no pueden ser considerados animales domésticos, aunque en su sentido literal el término les sea más adecuado a ellos que a los demás, ya que son ellos los únicos que se sientan con nosotros junto al fuego, usan nuestras habitaciones y tienen un lugar a nuestro lado (4). Pero, ¿hubo entonces un tiempo en el que tuvieron que ser amaestrados? ¿O esto no es más que una noción surgida del darwinismo? El que los halcones y los animales salvajes sean amaestrados hoy no es comparable con el proceso que llevó a la domesticación de muchos animales. Las crías de los animales domesticados nunca serán mansas por el hecho de que sus padres aprendieron la sumisión. Seguirán siendo animales salvajes. Lo que se produjo en el pasado, suponiendo que se tenga en pie esta visión de la domesticación, fue un cambio tan profundo en la naturaleza esencial del animal, que pasó a sus descendientes bajo la forma de hábitos adquiridos. Este pensamiento es muy difícil de comprender o demostrar experimentalmente.

¿No parece mucho más natural pensar que hubo un tiempo en el que los animales y el hombre estaban tan cercanos que vivían unos con otros? Según esta visión, todos los animales estaban cerca del hombre, y sólo gradualmente surgieron las formas salvajes, separándose del mundo humano y asimilándose a los entornos naturales ajenos al hombre. En otras palabras, no es que los animales salvajes fueran domesticados, sino que estos llegaron a ser salvajes. Así, podemos imaginar un doble camino: uno que se aleja del hombre y va hacia lo salvaje, y otro, mucho más corto, por el que el ganado vacuno, porcino y ovino se convierte en sirviente y proveedor.

A la luz de esta nueva imagen, podemos ver la evolución del perro y del gato al lado del hombre de una forma mucho más inmediata. Los dos permanecen fieles a los arquetipos eternos de su grupo: siempre han vivido a su lado. Y a partir de ellos se desarrollaron más tarde el león, el tigre, el puma, la pantera y el leopardo, así como los lobos, zorros, chacales y dingos. Tenemos así que ir hacia una nueva imagen: el ser humano en el centro, acompañado del perro y el gato. El perro trota a su lado izquierdo, el gato al derecho. Para no equivocarnos, no debemos asumir que siempre han tenido el aspecto que tienen ahora. Originalmente estaban mucho más cerca de sus arquetipos; eran más móviles en su forma, no estaban tan especializados. No obstante, los perros y los gatos de hoy están más cerca de sus hermanos y hermanas primigenios que las formas salvajes actuales. Pues estas últimas surgieron del perro y del gato 'arquetípicos' que acompañan al hombre desde los tiempos prehistóricos hasta el escenario de la historia. Ahora caracterizaremos al perro y al gato como los principales representantes de los carnívoros.

2. Los rasgos característicos de gatos y perros

No resulta muy fácil establecer las diferencias esenciales entre los carnívoros cánidos y los félidos. Y, sin embargo, las diferencias son tan obvias que apenas hay dudas sobre la pertenencia a uno u otro grupo. ¿En qué residen pues esas diferencias? No sólo se basan en la anatomía, sino también en el comportamiento, temperamento y tipo de reacciones de ambos grupos.

En la estructura corporal no hay diferencias fundamentales. Ambos grupos son carnívoros típicos: ágiles, móviles, con miembros fuertes cuya estructura, incluso en las mandíbulas, se centra en las funciones de ataque y presa. Las patas pueden transportar a gran velocidad un cuerpo a menudo alargado, ya que éste apenas ofrece dificultades para correr, caminar o trepar, debido a su ligereza y levedad.

Pero, sin embargo, ya en lo físico nos encontramos con las primeras diferencias entre los dos grupos. Los cánidos tienen miembros más largos y su cuerpo se eleva más del suelo que el de los felinos. Y sus patas no sólo son más largas, sino también más delgadas y preparadas para la carrera. Pocos cánidos pueden trepar a los árboles, pero para la mayoría de los félidos un árbol o arbusto no es ningún obstáculo. El jaguar y el leopardo saltan sobre su presa desde las ramas y llevan su botín hasta la copa de un árbol, para mantenerlo a salvo de otros predadores.

Además, los cánidos no tienen el tipo de garras con las que cuentan los felinos. Un perro casi nunca utilizará sus patas para golpear, ni tampoco lo harán el lobo, el chacal o el zorro. Los gatos, por el contrario, así como los leones y tigres, golpean con sus zarpas y, a menudo, realizan su primer ataque con un zarpazo. Sólo después utilizarán las mandíbulas. Los perros atacan con sus mandíbulas y dientes. Acosan a su presa hasta que está agotada y luego dan cuenta de ella con sus mandíbulas. Los gatos, por el contrario, acechan y saltan sobre ella reduciéndola a zarpazos. La única excepción son los guepardos, que cazan como los cánidos. Hilzheimer dice esto de ellos:

> *Son una fusión única del tipo cánido con la forma félida... Están adaptados para una carrera rápida, y por ello se han convertido en criaturas de largas patas y cierto parecido con los perros (5).*

Hay otros dos rasgos que están conectados con estas diferencias de comportamiento. Las uñas de los félidos son retráctiles; se encogen a la hora de correr y se extienden como un arma cuando golpean y arañan. Las uñas de los cánidos son romas e inmóviles; pero su boca, en compensación, es mucho más larga y tiene más dientes. Los felinos tienen normalmente 30 dientes; los cánidos 42. Los dos grupos tienen la siguiente dentición:

$$\frac{1\ 3\ 1\ 3 \mid 3\ 1\ 3\ 1}{1\ 2\ 1\ 3 \mid 3\ 1\ 2\ 1} \qquad \frac{2\ 4\ 1\ 3 \mid 3\ 1\ 4\ 2}{3\ 4\ 1\ 3 \mid 3\ 1\ 4\ 3}$$

Gatos — Perros

Así, las fauces del perro están prolongadas hacia fuera y por lo tanto tienen más dientes; pero las patas delanteras no tienen la fuerza suficiente para golpear y desgarrar. Con los félidos es al revés: el hocico es mucho más corto, mientras que sus patas delanteras se mueven con más libertad y son más independientes de la fuerza de la gravedad. Por lo tanto, lo que en el perro está limitado a la boca, en el gato está distribuido por todo el cuerpo.

Un perro ataca con sus dientes y mandíbulas únicamente; y en parte por esta razón su boca se ha convertido también en una especie de órgano de ventilación. Cuando un perro tiene demasiado calor por el esfuerzo, jadea, expulsando el aire caliente y trayendo con el aliento aire frío al interior.

Además, su nariz y sentido del olfato están especialmente desarrollados. 'Reconoce' y 'recuerda' con el olfato. Este es su campo de percepción y orientación por excelencia. Parece que el profundo vínculo que forma el perro con un ser humano individual se basa en el sentido del olfato. Hilzheimer escribe que tras la destrucción de los nervios olfativos o la pérdida del sentido del olfato, este vínculo desaparece (6).

Los félidos son en general mucho más independientes del hombre que los perros. Viven cerca de nosotros, pero siguen mucho más en su propio mundo, aunque vivan en nuestras propias casas. Estas criaturas son, hasta cierto punto, seres autosuficientes e independientes. Allí donde estén, llevan su propio ritmo y su propia vida consigo. Se lamen y limpian a sí mismos, indiferentes a su entorno; se retiran a su propio mundo cuando les place, y pocas veces se sienten molestados. Los perros, por otro lado, participan de lo que les rodea. Viven por y para la mirada y los gestos de sus amos: el mundo, y sobre todo el hombre, son sus dueños.

Con estos rasgos generales ya hemos dibujado a grandes trazos el tipo básico de cada familia. Para el perro, el punto focal de su existencia está en su cabeza. El hocico, dientes y nariz están excepcionalmente alerta y son muy sensibles. Sus orejas se yerguen a la mínima, la boca se abre ligeramente y los ojos se dirigen al objeto que huele o resuena. Y bruscamente se levanta toda la cabeza y el cuerpo le sigue.

Los gatos muestran una sensibilidad mucho más extendida. Su pelaje es especialmente sensible, y los bigotes y cabellos que rodean el hocico, nariz, patas y orejas le dan una sensibilidad global muy refinada. Perciben la más ligera brisa, que pasa desapercibida para otros animales. Por eso al gato no le gusta mojarse, porque pierde sensibilidad, y eso no lo soporta. La mayor parte de los félidos son extraordinariamente sensibles al agua. En este aspecto también los perros son muy distintos: en general a todos les gusta el agua y son buenos nadadores.

Así, aparece otra diferencia bien definida. En los perros, la sensación se concentra en la cabeza; en los gatos se reparte por todo el cuerpo. En los gatos podemos encontrar el más delicado sentido del tacto, en los perros un sentido del olfato muy especializado. Los gatos viven en la interacción del sol y la sombra por medio del aire; los perros, más en los elementos del frío y el agua. ¿Será por eso que todos los perros, si no están enfermos, tienen la nariz fría y húmeda?

La impresión general de la forma felina tiende hacia

lo redondo, lo esférico; lo canino tiende hacia lo anguloso y recto. ¡Qué anguloso y duro es su paso si lo comparamos con el andar redondo, fluido, blando y casi furtivo del gato! El perro se lanza hacia delante y, de repente, gira y se vuelve, para luego girarse de nuevo y seguir hacia adelante. El salto, el paso y la carrera del gato son mesurados y contenidos. Controlan cada movimiento, que es distinguidamente armonioso. El andar de los grandes félidos tiene una perfecta claridad y coordinación.

Si deseamos reducir esta diferencia a una fórmula, deberíamos decir que el movimiento de los gatos está controlado desde el ámbito del corazón, mientras que el de los perros está a la merced de sus sentidos, de modo que la actividad motora está siempre sujeta a impresiones y sensaciones cambiantes. Ambos grupos están orientados fundamentalmente en torno al sistema rítmico. El ritmo del perro es el de la respiración, exhalar e inhalar sin cesar, en comunicación con el mundo. La cabeza vigila la respiración, la guía, la acentúa y también la reprime. Las piernas son largas porque la corriente del aliento fluye en su interior y las alarga. En la carrera y la persecución, la respiración determina la actividad motora.

En los gatos, es el corazón el que establece el ritmo y, al mismo tiempo, da la nota fundamental sobre todas las melodías motrices. Es el corazón el que llama a la sangre, pero incluso en momentos de voracidad, los gatos se muestran moderados. Los grandes félidos matan a su presa, la lamen y la comen, pero dejan la mayor parte para que otros coman. Así es como las hienas, los buitres, los chacales y los perros salvajes toman su lugar y se alimentan de los restos.

El aire calentado por el sol, flotando en una atmósfera seca, lleva su luminosidad al oscuro bosque; arbustos espinosos, hierbas, arena, el reposo del mediodía o la tranquilidad del atardecer: este es el mundo de los grandes félidos. Sus pelajes son amarillentos y marrones, con rayas y manchas, y un peculiar moteado que parece haber sido pintado por el juego de luces y sombras.

En el atardecer gris pálido y en la noche, en la niebla y en la humedad, en cuevas y madrigueras, en las profundidades de los bosques, allí donde el entorno requiere un estado constante de alerta, allí es donde viven los miembros salvajes de la familia canina. Los lobos y los zorros apenas aparecen hasta el crepúsculo. Merodean, llenos de miedo e inquietud; se reúnen en manadas, sobre todo los lobos, rara vez el zorro, y corren aullando por la oscuridad. Su pelaje es largo, pero de un solo color, pálido y apagado. Se guían por su olfato, y viven en el ámbito de los aromas ligeramente húmedos que emanan de otras criaturas. Sus especies no son tan numerosas como las de los félidos, pero, como están cerca del elemento acuático, han mantenido una plasticidad y mutabilidad en las formas extraordinaria dentro de los márgenes de su arquetipo.

3. *Melenas y pelajes*

Si las imágenes que hemos dibujado hacen honor a los arquetipos del perro y el gato, deberían también echar luz sobre las diversas especies dentro de estos dos grupos de animales. Los diversos tipos deben encontrar su lugar dentro de los límites de variación de estas propiedades básicas, ya que las diferencias dentro de un orden o suborden son sólo una manifestación más acentuada de uno u otro rasgo característico. Todos los félidos tienen los rasgos característicos de su familia, pero cada especie ha desarrollado algún rasgo en particular, o una serie de ellos, de una manera ligeramente unilateral. Esto le da a la forma general su sello individual.

Es típico del león, por ejemplo, la marcada diferencia entre los sexos. La mayoría de los machos de león africano, oriental e indio llevan una imponente melena. Esta consiste en una gran mata de pelo alrededor del poderoso cuello, que enmarca el rostro y, a menudo, llega a cubrir el lomo y el vientre.

"Ninguno de los demás grandes félidos," escribe Guggisberg (7), "muestra una definición de sexos tan clara como el león. Cualquier niño puede distinguir al melenudo león de la leona a primera vista; en el caso del tigre, el leopardo y el jaguar, es difícil distinguir los sexos a simple vista."

Pero los pelajes de los otros grandes félidos tienen unos dibujos y formas de los que el león carece. Su pelaje es de un uniforme color arena, sin rayas ni manchas. ¿Podríamos considerar estos rasgos como una especie de polaridad? ¿Cuál es el significado de las peculiares formas de los pelajes de todos los grandes félidos, de la piel rayada del tigre, los anillos y manchas del jaguar, de las oscuras manchas que cubren el cuerpo del leopardo e incluso de los gatos domésticos? Los pequeños félidos muestran diseños característicos de su raza. Manchas, rayas, anillos, motas alternadas según colores y formas. El leopardo de las nieves, el ocelote, el gato salvaje y muchos otros llevan tales ornamentos.

¿Qué significado tienen? En "Los Discípulos en Saïs" de Novalis leemos:

Los hombres marchan por distintos caminos; quien los siga y compare, verá surgir extrañas figuras; figuras que parecen pertenecer a aquella escritura difícil y caprichosa que se encuentra en todas partes: sobre las alas, sobre la cáscara de los huevos, en las nubes, en la nieve, en los cristales, en la configuración de las rocas, sobre el agua congelada, dentro y fuera de las montañas, de las plantas, de los animales, de los hombres, en los resplandores del cielo, sobre los discos de vidrio y resina, cuando se frotan y se palpan; en las limaduras que se adhieren al imán y en las extrañas conjeturas del azar…

¿Es acaso el mismo 'código' que se manifiesta, tan claramente escrito, en los pelajes de la tribu de los gatos?

Portmann hace una comparación muy válida cuando indica que la investigación morfológica y bioquímica de estas pigmentaciones no lleva a ninguna parte porque estas formas y diseños son como una escritura desconocida:

Surge la cuestión del significado, de la interpretación de la palabra; y esto debo resolverlo con medios de investigación totalmente nuevos. El significado de los signos es independiente de los materiales con los que están escritos. Por tanto, respecto al significado de la forma de la cabeza de un animal, la composición de las señales es de poca importancia, aunque el carácter de su configuración tiene un papel importante. Para responder a esta cuestión, debemos seguir unas vías de estudio diferentes a las de la investigación fisiológica o genética. (8)

Estas 'vías' deben ser exploradas, paso a paso, para llegar a una comprensión de las 'runas' de la piel, pelaje, alas y plumas de los seres vivos. Debemos descifrar la 'Gran Escritura' de Novalis.

Podríamos comenzar esta búsqueda por la familia de los félidos, y tomar como punto de partida la polaridad 'melena frente a dibujos en el pelaje'. La melena del león es normalmente más oscura que el pelaje, y no sólo enmarca la cara, sino que, además, separa morfológicamente la cabeza del resto del cuerpo. Esto nos presenta una figura de la que Eugen Kolisko dijo una vez, con una pícara sonrisa, "el león no cumple por detrás lo que promete por delante". Esto resume perfectamente la impresión que causa.

Sin la melena, la cabeza y el cuerpo fluyen armoniosamente; y cuando no está presente, aquello que estaba retenido en ella surge en el pelaje con diferentes formas. Aquí nos encontramos con una regla que fue indicada por Goethe. Él llamó la atención hacia "la idea de un económico dar y tomar" que reina en la Naturaleza. "Nos confrontamos aquí con la ley de que no se puede añadir una parte sin quitarla de otro lugar" (9). El proceso que lleva a una excesiva melena en el león macho se desarrolla con formas y colores en los otros miembros félidos.

Al observar a los grandes félidos, podemos distinguir tres tipos de formas:

Círculos que rodean el cuerpo y los miembros. Ejemplos: el tigre, el gato salvaje, la hiena rayada, la cebra, el okapi, el bongo, el lobo de Tasmania, etc.

Manchas, motas y rosetas longitudinales, que corren paralelas al espinazo y a lo largo de los huesos tubula-

res de los miembros. Ejemplos: el serval, el ocelote, el lince ibérico, la jineta.

Una red de manchas angulares y redondas que cubre homogéneamente el cuerpo: el guepardo, el leopardo de las nieves, la jirafa y demás. El leopardo y el jaguar están en los grupos 2 y 3.

Colocando las cosas de este modo, ¿no podemos llegar a unas indicaciones preliminares sobre el significado de esta triple escritura rúnica? No erraremos mucho si imaginamos el origen de esta escritura de la siguiente manera: el artista que diseña estos modelos es el poder del rítmico fluir de la sangre y de la respiración, que expandiéndose y contrayéndose, trae los círculos claros y oscuros que rodean el cuerpo y las patas del tigre y de la cebra. La sangre, fluyendo desde y hacia el corazón, uniendo el cuerpo y la cabeza, dibuja las manchas y motas a lo largo del cuerpo. Y la red de manchas del jaguar y la jirafa es una imagen exteriorizada de la circulación capilar de la superficie del cuerpo.

Por lo tanto, podría ser la organización rítmica de la circulación de la sangre y la respiración, tan excepcionalmente desarrollada entre los carnívoros, la que se manifestase exteriormente en formas y manchas. Una psicología animal del futuro debería ocuparse de tales asuntos; porque el comportamiento del tigre, del leopardo y del jaguar también difieren según las runas que cubren su cuerpo.

¿Por qué lleva el león una melena, y es monocolor? ¿y por qué la leona no la tiene? Entre los grandes félidos, sólo el león es monocolor; pero, salvo alguna excepción, ¿no comparte esto con la familia de los cánidos? Todos los miembros salvajes de esta última tienen también un pelaje monocolor y, en general, más largo y espeso que el de los félidos, cercano a la melena.

¿Significa esto que el león tiene cierta similitud con la familia de los cánidos? ¡Pero no puede haber algo más felino que un león! ¿O no será que puede considerarse el 'rey' justamente porque es, de todos los félidos, el que más masculinidad manifiesta?

Comienza a revelarse que estamos observando tendencias formativas que remiten a la 'ley de economía natural' de Goethe. Cuando aparecen rayas, anillos y otras formas por todo el cuerpo, no aparecen la melena ni el pelaje largo. Por otro lado, cuando aparecen melena y pelaje largo, nos encontramos con coloraciones uniformes.

Por tanto, parece que los colores, manchas y señales, así como el pelaje corto, representan características femeninas en los mamíferos. El pelaje largo, la melena y los colores apagados, sin manchas o formas, son, por contraste, rasgos más masculinos. La melena, el ligero 'collar' de pelaje que rodea el cuello del lobo, separa la cabeza del resto del cuerpo. Esto es también un rasgo de la masculinización, mientras que la unidad de la cabeza con el cuerpo, la unidad de ambas partes, es más femenino.

Podemos decir, pues, que los félidos tienen en muchas de sus características corporales una naturaleza más femenina. La familia de los cánidos, por contraste, muestra rasgos más masculinos. Sólo el león se sale de esta clasificación, siendo un miembro masculino de la familia felina. Con su melena, nos da una clave de la morfología de los carnívoros.

4. Perros masculinos y gatos femeninos

Con estos pensamientos, hemos llegado a otro rasgo importante de los gatos y los perros: la coloración es simple y escasa en los cánidos, llamativa y viva en los félidos, excepto en el caso del león. Ahora trataremos de poner en relación las características mencionadas en la segunda sección con esta nueva cualidad.

La forma más curvilínea y contenida de los félidos, grandes y pequeños, tiene relación con una capacidad agresiva notable. Apenas se puede domesticar al tigre, al jaguar y a la pantera; los félidos menores también son salvajes, agresivos y ansiosos predadores. Los leones, sin embargo, sobre todo los machos, son más bien letárgicos, lentos y, a menudo, parecen tener un aire de apática superioridad.

Tampoco la familia de los cánidos es inmediatamente agresiva. El zorro, el chacal o el lobo no son animales de ataque. Sólo cazan la presa que necesitan y nada más. Las descripciones que hace Crisler sobre sus experiencias con lobeznos de Alaska están llenas de sentimiento y comprensión hacia estos animales (10). Cuando un lobo confía en el hombre, se muestra sorprendentemente cariñoso, simpático y halagador. Su naturaleza salvaje puede volver a aparecer de nuevo, de golpe, pero esto no ocurre tan general y consistentemente como con los félidos.

Podemos así ver un paralelismo entre la configuración del pelaje y el comportamiento de cada animal. Los félidos salvajes y agresivos se caracterizan por un pelaje colorido y, por lo general, vivamente manchado. Los cánidos, que son mucho más pacíficos por naturaleza, muestran una configuración mucho más simple y monótona. Los únicos cánidos fuertemente moteados son predadores muy agresivos: las hienas. De esto podemos extraer, pues, que entre los carnívoros el alto grado de excitabilidad se manifiesta en la coloración y configuración de su pelaje.

Suchantke (11) ha señalado un fenómeno similar con ciertos tipos de aves. También aquí nos encontramos con claras conexiones entre las formas, colores, ostentación y disposición emocional de ciertas especies. Cuanto más simple es el plumaje, más disposición tiene el ave de cuidar a los pequeños.

Sin embargo, cuando miramos la conexión de los principios formales en la morfología de los cánidos y los félidos, no es tan fácil comprender la conexión entre la estructura corporal y el carácter. La forma curvilínea y contenida del cuerpo de los félidos parece que nos habla más de dulzura; las formas angulares de los lobos y zorros, el hocico afilado, el mayor número de dientes y la mayor movilidad indican mayor ferocidad y depredación. ¿No es esto una contradicción? ¿O es que forma y estructura tienen un significado opuesto al de la coloración y la configuración del pelaje? Este problema se refleja hasta en nuestros hábitos de la lengua. Hablamos de los perros como de 'ellos' y de los gatos como de 'ellas' (12). La sabiduría de la lengua nos muestra aquí algo que percibimos semiconscientemente. Vivenciamos que el gato es femenino y el perro es masculino. Por eso hablamos de las formas redondeadas y femeninas del gato y de las formas angulosas y masculinas del perro. Sin embargo, esto contradice de lleno el tipo de comportamiento.

Esta contradicción no se resolverá a menos que leamos lo que dice Rudolf Steiner respecto a los sexos humanos. En una conferencia con título "El hombre y la mujer a la luz de la Antroposofía", pone de relieve los contradictorios modos en que se han descrito los sexos en el paso al siglo XX.

Para unos el carácter de la mujer es básicamente colérico; otros señalan que la cualidad esencial de la mujer es la humildad. Pero otro investigador aparece... y dice que la naturaleza esencial de la mujer sólo se puede describir con la palabra devoción; otro prefiere deseo de dominar; otro conservadurismo; y otro encuentra que la mujer es el elemento genuinamente revolucionario del mundo. (13)

Todas estas contradicciones no son muy diferentes de las que encontramos en nuestro estudio del perro y el gato. Rudolf Steiner recoge todas estas contradicciones y muestra que todas son legítimas; sólo que tenemos que aprender a mirar a través de ellas. En primer lugar, habla de la naturaleza cuatripartita del ser humano, que además de un cuerpo físico, también tiene un cuerpo etérico o de 'fuerzas formativas', un cuerpo anímico y un Yo:

Para empezar, sólo hablaremos del cuerpo físico y etérico en este contexto, y ahí es donde se esconde la solución al enigma de la relación de los sexos...El ser humano es un organismo muy peculiar, porque el cuerpo etérico es sólo parcialmente una imagen del cuerpo físico. En lo que respecta a la sexualidad es diferente. En el varón, el cuerpo etérico es femenino; en la mujer es masculino. Por muy extraño que parezca, un examen detenido nos llevará a este significativo hecho:

dentro de cada ser humano se encuentra oculto algo del sexo opuesto.

Y, de pronto, se ilumina parte del misterio que rodea al perro y al gato. El perro muestra un cuerpo masculino; pero en su naturaleza también esta entretejido un cuerpo etérico femenino, y esto es lo que define el carácter de toda la familia de los cánidos. Estos animales son mansos, fieles a sus amos; dóciles y apacibles. El cuerpo físico masculino, sin embargo, les hace guerreros y protectores. En el lobo, estas cualidades físicas son más evidentes; lo mismo ocurre con el inteligente, incluso taimado zorro. En el chacal, sin embargo, y especialmente en el perro, las cualidades etéricas femeninas se hacen sentir más fuertemente.

Respecto a los félidos, vemos que han desarrollado un cuerpo físico más femenino. Exteriormente son blandos, aseados, y muestran muchos otros rasgos que podríamos llamar 'femeninos'. Pero detrás de eso se esconde un cuerpo etérico masculino; tiene drásticos dibujos en el pelaje, haciendo salir la tendencia carnívora y salvaje, la agresividad y la rapacidad.

Rudolf Steiner añade la siguiente caracterización:

La mujer tiene cualidades masculinas interiores, que en el hombre son femeninas. Por lo tanto, mientras el hombre es, por su naturaleza corporal externa, un guerrero, ya que su bravura está relacionada con la organización externa de su cuerpo, la mujer posee una valentía interior, una capacidad de entregarse en autosacrificio. (14)

Estas son justamente las cualidades etéricas del perro; mientras que el comportamiento belicoso del gato proviene de su cuerpo etérico masculino.

"Cuando un hombre se hace productivo" —prosigue Rudolf Steiner, "va hacia lo que le rodea. La mujer actúa en el mundo con una pasividad llena de entrega."

Y podríamos añadir: lo que la mujer, por su naturaleza física, muestra como pasividad llena de entrega, en los cánidos se manifiesta en su cuerpo etérico. Y del mismo modo, la actividad física exterior del hombre es la misma que la disposición felina para ponerse en acción, con base en lo etérico.

Y yendo más allá con esta observación, nos encontramos con una diferencia fundamental entre los seres humanos y los carnívoros. En el género humano, lo sexual produce una gran diferencia entre el hombre y la mujer; en el ámbito de los cánidos y los félidos, esta separación no sólo se produce entre machos y hembras, sino que impregna a grupos enteros del reino animal. Todos los cánidos, machos y hembras, muestran casi uniformemente un carácter masculino. Igualmente, los félidos, con la única excepción del león, muestran algunas cualidades de lo femenino.

En los seres humanos, y sólo en ellos, la diferenciación de sexos penetra tan profundamente en la organización corporal y del carácter del individuo, que uno podría casi hablar de dos especies biológicas diferentes. El hombre es más masculino que cualquier macho animal; y la mujer, con todas sus diferencias, es más femenina que cualquier hembra animal. Y es que en el género humano la división en hombres y mujeres se produjo de manera tal, que afectó la corporeidad física y etérica. El hombre tiene un físico masculino y un cuerpo etérico femenino, la mujer tiene un físico femenino y un cuerpo etérico masculino. Dos polos orgánicos se confrontan entre sí. El hombre y la mujer son la expresión de dos opuestos arquetípicos.

Pero esto no ocurre así con los animales. Aunque algunas aves muestran notables diferencias sexuales, en el color, el plumaje, el comportamiento, la diferencia es mínima en comparación con el hombre. Allí donde es más pronunciado, en el mundo de los insectos, por ejemplo (sólo hay que pensar en los zánganos y la abeja reina, o en las termitas con su hembra gigante; también en las arañas macho y hembra), ya no es cuestión de un dimorfismo sexual, sino de una división del trabajo. Los zánganos llevan a cabo la tarea de la fertilización y la reina se encarga de poner los huevos.

Teniendo esto claro, podemos empezar a sentir la dualidad entre el perro y el gato. En ellos aparecen las imágenes de los cuerpos humanos masculinos y femeninos. En lo que concierne a la naturaleza físico-etérica de ser humano el perro es una imagen del hombre, y el gato de la mujer. Por eso han ocupado estos animales una posición tan especial en relación con el ser humano.

Una leyenda árabe de Palestina nos cuenta:

Hace mucho tiempo, cuando el mundo era joven, cada tipo de animal tenía asignada una tarea. El perro y el gato fueron liberados de las tareas de servidumbre, debido a la lealtad de uno y a la limpieza del otro, y se escribió un documento atestiguándolo, que el perro guardó. Lo enterró donde solía guardar sus huesos viejos, pero este privilegio provocó tanta envidia en el caballo, el burro y el asno, que éstos animaron a la rata a que excavara un túnel y destruyera el escrito. Desde la pérdida del documento, al perro se le ha hecho responsable de su descuido y por ello su amo lo ata o encadena, y el gato nunca le ha perdonado. (15)

En esta leyenda resuenan los ecos de la Caída. Muchos otros cuentos de hadas y leyendas que tratan sobre perros y gatos señalan hacia este misterio de un modo similar. Un ejemplo de ello es la historia de "Los músicos de Bremen", en la que el asno representa el cuerpo físico, el perro y el gato el etérico, y el gallo, que cacarea y bate las alas, es una imagen del alma. Y sólo los cuatro, actuando juntos, pueden representar a un ser humano.

5. Gatos, perros y el organismo humano triarticulado

Mirando de nuevo la segunda sección de este ensayo y revisando las diferencias morfológicas entre el perro y el gato, estamos en disposición para relacionar éstas con la diferenciación entre masculino y femenino.

Hemos dicho que los perros han desarrollado los miembros y los sentidos mejor que los gatos. Los gatos, por su parte, han desarrollado mucho más los nervios y el sistema metabólico. También nos encontramos con que los perros viven mucho más en la respiración, mientras que los gatos están más orientados hacia la circulación de la sangre y el latir del corazón. Y colocando ambas diferencias una junto a la otra, obtenemos el siguiente resumen:

Perros	*Gatos*
Órganos sensorios	Sistema nervioso
Pulmones y respiración	Corazón y circulación
Miembros	Metabolismo

Para los que conocen la estructura ternaria del organismo humano que Rudolf Steiner describió desde diversos aspectos a partir de 1916 será inmediatamente evidente, que el cuadro arriba expuesto es una imagen de esta estructura, dividida en dos partes. En los perros están acentuados el sistema neuro-sensorial, la respiración y los miembros, revelando así el carácter masculino del grupo. ¿No es acaso el hombre más alto que la mujer por regla general? Tienen miembros más largos y articulados y está más orientado hacia la respiración. Su pecho y sus hombros son más anchos y su respiración más profunda.

El organismo femenino, como el de los félidos, está más dirigido hacia el metabolismo. Y relacionado con esto está el período menstrual, la capacidad de concebir y de nutrir suficientemente al embrión en desarrollo. Además, todo el sistema circulatorio se altera durante el embarazo, aumentando considerablemente el esfuerzo cardiaco. En vez de actuar con los sentidos, que permiten al hombre entrar activamente en lo que sucede a su alrededor, la mujer actúa en el mundo con una 'entrega pasiva'. Esto lo puede hacer por medio de un sistema nervioso potenciado.

Ahora parece más claro aún que el perro está físicamente determinado por sus rasgos masculinos, mientras que su carácter porta el sello de sus fuerzas etéricas femeninas. El gato, en contraste, es físicamente una imagen del organismo femenino, mientras que su comportamiento refleja las fuerzas etéricas masculinas. En el ser humano está invertido; porque es nuestro cuerpo etérico, femenino en el hombre y masculino en la mujer, el que moldea la constitución física humana, mientras que el cuerpo físico pone su sello sobre el carácter. Desgraciadamente, sólo podemos hacer referencia a unas relaciones tan complejas de forma tangencial.

Cualquiera que viva estas imágenes y las deje hablar a su capacidad innata de juicio, percibirá pronto la posición tan especial que ocupan los perros y los gatos. Son expresiones de una polaridad que se extiende por toda la creación, la polaridad de lo masculino y lo femenino. Allí donde se manifiestan, son portadoras de ambos principios: el perro masculino muestra un comportamiento femenino; el femenino gato es agresivamente masculino. Por esa razón Ishtar, la venus del mundo babilónico, fue investida con atributos de carácter masculino y femenino. Como estrella del crepúsculo aparece como la gran diosa del amor y la devoción; como estrella de la mañana revela todo su poder masculino-virginal. En los retratos asirios lleva barba, manifestando así, como el dios Ashur, su naturaleza leonina (16).

Esto arroja luz sobre la naturaleza del 'rey de los animales'. Porque, de todos los félidos, grandes y pequeños, la fuerza masculina se vierte en la ferocidad, pero en los leones penetra hasta en la constitución física. La melena aparece para señalar al majestuoso león, la estrella de la mañana, como el indiscutible rey. De entre todos los félidos, él sólo ha recibido un cuerpo masculino, pese a la naturaleza femenina de su familia. En esto se puede entrever su doble naturaleza.

Esto se expresó, bajó otra forma, en la religión del Antiguo Egipto. Había dos diosas, y ambas tenían forma humana y cabeza de león. Sekmet la poderosa era adorada en Menfis. "Es la diosa de las batallas, y, como la serpiente Ureus de los reyes, escupe fuego" (17). A su lado estaba la diosa Bast, que era amable y amigable. Siempre llevaba el sistro (carraca) de los bailarines en su mano y una canasta en su brazo. Los egipcios consideraban a las dos como una sola entidad. Hablaban de una persona que era más amigable que Bast y más temible que Sekmet. De este modo se referían al misterio de que Sekmet representaba el cuerpo etérico masculino y Bast a la femenina naturaleza física de los gatos.

Los dioses egipcios con cabezas de perro o chacal, por otro lado, eran masculinos. Eran los dioses de los muertos (Anubis), o dioses cuyas imágenes se llevaban en la vanguardia de las batallas. Los Up-nats, los rastreadores de caminos, caminaban delante de Osiris y eran sus compañeros de armas. Como atributos, llevaban mazas y arcos. Los Up-nats indicaban la naturaleza física masculina de los perros. Sus cabezas eran más como las de los lobos (18). Anubis, con su cabeza de perro, servía a los muertos, a los que llevaba a la iluminación tras la muerte. Era una imagen destinada a honrar la fidelidad y el poder de devoción de la naturaleza etérica del perro.

Estas imágenes mitológicas revelan los secretos desvelados que los perros y los gatos llevan en sí: su organización masculina y femenina, que les ha hecho compañeros del hombre desde el principio de los tiempos, aunque en su ser superior, como almas grupo, le preceden.

6. Una historia primordial de los perros y los gatos

Tanto la teoría genealógica, como la paleontología de los carnívoros todavía está sumida en las tinieblas. Sabemos sólo que los restos más tempranos provienen del comienzo de la era Terciaria, indicando que, como la mayoría de los mamíferos, los carnívoros aparecieron relativamente tarde en la historia.

Pero Rudolf Steiner nos da indicaciones exactas sobre el origen de los carnívoros:

Todo lo que tiene que ver con animales del tipo del león no comenzó a tener efecto hasta la época atlante, y llegó a la tierra como forzado desde el interior de la tierra hacia la superficie. (19)

Nos podemos imaginar al grupo de los carnívoros como originario de la antigua Atlántida. Esta gran época corresponde aproximadamente al período geológico Terciario (20).

En esta época comenzó a consolidarse también el cuerpo físico del hombre. El lenguaje comenzó a tomar forma y se desarrolló el poder de la memoria. Posiblemente al mismo tiempo surgieron las primeras diferencias sexuales en el cuerpo humano; y lo que se convirtió en una polaridad se manifestó, al ser expulsado de la evolución humana, en los cánidos y en los félidos.

No resulta fácil imaginar cómo eran estos primeros carnívoros, pero podríamos pensar que estaban mucho más cerca de la forma humana que ahora. Tal vez las estatuas egipcias de Anubis y Sekhmet se acercan más a la verdad que las concepciones actuales de la paleontología sobre las primeras formas animales.

En cualquier caso debemos suponer que los diferentes 'modelos' de hombre y mujer, que surgieron a medida que la naturaleza corporal tomó forma, se transformaron en seres caninos y félidos. Porque el tigre y la pantera, el lobo y el zorro son variantes 'de prueba', modelos, para llegar en última instancia al cuerpo masculino y femenino humano.

Esta diferenciación sexual se desarrolló mucho más tarde, según otras indicaciones de Rudolf Steiner (21):

> *Es fácil comprender que la separación de los sexos no pudo producirse bruscamente, que hizo falta un período de transición, un estadio intermedio entre el modo de reproducción virginal, en el que la fecundación se llevaba a cabo por medio de la influencia de las fuerzas vivas de la tierra, que tenían un papel fecundador, y la reproducción bisexual. Esta última no alcanzó un funcionamiento perfecto hasta la mitad de la época atlante.*

El origen de los carnívoros debemos buscarlo en este período de transición que describe Steiner. Es el tiempo de las primeras cuatro sub-razas de la Atlántida, las épocas de los Rmoahals, Tlavatli, Toltecas y Turanios. Y no erraremos mucho si situamos la aparición de los félidos en las dos primeras épocas y la de los cánidos en las dos posteriores. Por lo tanto podemos decir que hacia la mitad de la época atlante, no sólo se formaron el hombre y la mujer completamente en su naturaleza corporal, sino que, además, los ancestros de los leones, tigres, panteras, lobos, chacales y perros también comenzaron a habitar la tierra.

Entonces, durante el gradual colapso del continente atlante, ambos grupos de animales migraron hacia el este con el hombre. Las imágenes del Génesis lo expresan diciendo que viajaron en el Arca de Noé.

Durante esas migraciones, sin embargo, las familias de los perros y los gatos se alejaron del hombre y se asilvestraron. Se hicieron similares a los actuales carnívoros. Se alejaron gradualmente de la vecindad del hombre y fueron en busca de su independencia salvaje.

Fue entonces el momento en el que el ser humano tuvo que encontrar su autonomía interior antes de recibir las fuerzas para inaugurar las culturas post-atlantes en su camino de vuelta hacia Occidente. Durante su regreso, el hombre reunió a sus hermanos perdidos, los perros y los gatos. Durante la cultura persa, la segunda época post-atlante, los perros se acercaron al hombre; y en la época Caldeo-Babilónica el gato doméstico regresó a su regazo.

También hay una indicación de Rudolf Steiner sobre esto, en una conferencia de 1910 (22). En ella describe cómo habría hablado del lobo un antiguo maestro iraní a sus discípulos:

> *Pensad en el lobo. El animal que vive con la forma de lobo que ahora veis, ha degenerado desde su estado original, se ha hecho decadente. Antes no manifestaba sus malas cualidades. Pero si en vosotros germinan buenas cualidades y queréis combinarlas con vuestros poderes espirituales, tenéis que amaestrar a ese animal; podéis dirigir hacia él vuestras buenas cualidades, haciendo del lobo... ¡un dócil perro que os obedece!*

Con esto se confirma la tradicional teoría de que el lobo es el verdadero antecesor de los perros y que su domesticación se produjo en la Antigua Persia.

Del gato doméstico se sabe, sin embargo, que no procede del gato salvaje europeo, sino del gato salvaje nubio. Los primeros restos del gato doméstico provienen de la época del Antiguo Egipto. En tiempos prehistóricos, en Europa, en la época de Hallstat y de los dólmenes, por ejemplo, no se encuentran restos de esqueletos de gatos. En Egipto, sin embargo, los gatos eran sagrados; eran embalsamados y enterrados en gigantescos cementerios de gatos, de los que había uno en cada ciudad. Esto nos lo cuenta Herodoto. Pero los romanos y los griegos no aceptaron a los gatos domésticos hasta mucho más tarde, en los primeros siglos del Cristianismo, y desplazaron a la comadreja y el turón, que antes ocupaban el lugar del gato en la casa.

Así fue como los perros y los gatos se unieron al hombre. El hijo que fue dejado en un lado del camino en la migración de Oeste a Este, desde la Atlántida hasta el Asia Oriental, fue recogido de nuevo en Persia; y la hija perdida en el camino entre la espesura se reencontró con el hombre en Egipto. Desde entonces, los dos nos han acompañado y se han hecho nuestros animales domésticos en el sentido más estricto de la palabra.

Hubo un momento, cuando el hombre estaba aún formándose, en que los perros y los gatos fueron expulsados de la humanidad como modelos de prueba en la diferenciación sexual de los cuerpos. Entonces se convirtieron en testimonios de la Caída. Hoy, tras el acontecimiento de Cristo, el perro y el gato están a los pies del yo humano, que se ha hecho activo en el hombre. El perro se ha hecho útil para él; el gato busca su cercanía. Ambos viven a la sombra de la existencia humana.

¿No parece una profecía el hecho de que la constelación de Aries, que regía en la época del Misterio del Gólgota, fuera vista como un perro en China y Siam y como un gato en Egipto? Aries simboliza la naturaleza virginal andrógina del hombre, es decir, el tiempo en el que no habrá división de sexos. La naturaleza sensorial del hombre se transformará en Cordero (Agnus Dei) y constituirá, en un plano superior, una nueva humanidad andrógina.

Para entonces, los perros y los gatos se habrán reunido de nuevo y habrán obtenido su redención.

Hermano Caballo

1. Introducción

Las ideas más generalmente aceptadas hoy día sobre la evolución animal y del hombre están íntimamente ligadas a la imagen de un árbol genealógico. Poco importa el tipo de especies o familias de animales de que se trate, en el momento en que preguntamos sobre su origen, se nos pide que pensemos en una rama que hace mucho tiempo salió de otra rama mayor y comenzó un desarrolló especial. Las ramas más gruesas del supuesto árbol familiar son en su mayoría grandes enigmas, que se deben asumir hipotéticamente para permanecer fieles a la idea del árbol. Y en lo que al tronco del árbol se refiere, desaparece en la nebulosa de las vagas concepciones.

La paleontología y la geología modernas nos han dejado con una multitud de ramas y ramitas, considerando a las especies animales vivas o extintas como sus hojas y brotes. En la actualidad conocen y han descrito cientos de miles de formas diferentes. Pueden reunirse en diferentes clases, subclases y grupos; esto ha dado pie al magnífico y fascinante sistema de la zoología. Sin embargo, tan pronto como uno intenta seguir la pista de estos resultados finales yendo hacia formas más primitivas, hacia los miembros o ramas originales, uno sólo se encuentra con afirmaciones vagas e hipótesis no demostradas. Estoy convencido de que en el futuro será posible hacer una verdadera ordenación espiritual de los animales, basándose en las ideas básicas de Lorenz Oken. Este gran científico naturalista formuló su visión de la siguiente manera:

> *En su momento se encontrará que todo el reino animal no es más que una manifestación de las actividades u órganos individuales del ser humano; no es más que el ser humano hecho pedazos. (1)*

Si uno entra en esta idea y comienza a sopesar su valor, pronto la hallará muy iluminadora y útil. Lo que hasta entonces parecía sin sentido y accidental toma un nuevo sentido y se hace comprensible (2).

En lugar de un árbol genealógico, veremos un grupo de formas que pueden relacionarse con grupos mayores o menores. Los grupos individuales muestran tendencias similares. Por ejemplo, los mamíferos de Australia, aunque se desarrollaron en completo aislamiento de los otros mamíferos de la tierra, han desarrollado formas similares. Richard Hertwig (3) expresa con claridad este fenómeno:

> *En su actual área de distribución, los marsupiales, al adaptarse a condiciones vitales similares, han pasado por un desarrollo totalmente análogo al de los animales placentarios del resto del planeta, de modo que se pueden establecer grupos paralelos a los de los órdenes de mamíferos comunes (carnívoros, roedores, insectívoros, ungulados).*

De hecho, las condiciones vitales de Australia no eran similares a las de otras partes de la tierra, ni los marsupiales tuvieron que 'adaptarse' a su entorno. Se adaptaron desde el principio y, por tanto, pudieron desarrollar formas que les transformaron en marsupiales predadores, roedores y ungulados. Son tendencias formativas inherentes a los mamíferos, que bien manifiestan el sistema neuro-sensorio (roedores), bien desarrollan el sistema rítmico en particular (carnívoros), bien enfatizan la naturaleza metabólica y de los miembros del animal (ungulados). Aquí vemos al ser humano triarticulado como el 'tronco' arquetípico sobre el que se despliegan los animales.

Sería bueno reemplazar la palabra 'desarrollarse' por la de 'desplegarse', pues esta última está mucho más cerca del curso de la evolución y nos ayudaría a liberarnos gradualmente de las concepciones darwinianas y mendelianas. No hay ningún árbol genealógico de cuyo tronco se hayan desarrollado todos los animales. Cada era terrestre crea sus propios grupos de formas; y en el centro de ellos, el arquetipo 'hombre' rige como una tendencia dadora de forma.

Todos los grandes grupos de formas, como los peces, los artrópodos, los equinodermos, los mamíferos, etc., tienen asociada una serie de grupos más pequeños, que llevan en sus esferas una imagen de su arquetipo. Así es como los marsupiales de Australia se desplegaron de un modo similar a los mamíferos de los otros continentes. Formaron grupos de roedores, carnívoros y ungulados, y cada uno de ellos muestra tendencias similares de desarrollo.

Así, dentro del orden de los carnívoros, un grupo entero se ha dedicado a la vida acuática: las focas. Y se encuentra una correspondencia similar en el orden de los mamíferos con pezuñas (ungulados): descienden de un ancestro común, los delfines y las ballenas se han convertido en animales acuáticos. En el grupo de los roedores, el castor muestra esta tendencia acuática.

Estas formas de despliegue no tienen nada que ver con la adaptación. Revela simplemente que cada grupo de formas representa una unidad en sí misma, que obedece a tendencias formativas similares. Focas, delfines, ballenas, castores, son todos miembros acuáticos de su orden superior.

Incluso las aves tienen sus enviados en las regiones oceánicas: en el Antártico encontramos a los pingüinos, y en el Ártico sobrevivió, hasta el final del siglo pasado, el pingüino gigante. De familias completamente diferentes surgieron formas similares en los dos extremos de la tierra.

Todo el reino animal, en todas sus formas, es un ejemplo constante de esta 'voluntad de desplegarse'. Tras ella se encuentra un principio universal: y ese principio es el hombre. El hombre no es el Rey de la Creación sino su núcleo más íntimo.

En cada grupo de formas, inferior o superior, este núcleo se manifiesta de tal modo, que cada especie concreta intenta acercarse a la perfección, aproximándose lo más posible a la forma que ese grupo quiere expresar. Todas las demás especies y familias encontrarán su lugar como variaciones en torno a esta figura central. Y la intuición sobre esta idea fue lo que llevó en el pasado a que la gente llamara a estas formas perfeccionadas 'reyes'. Al león le llamaron el rey de los animales, al águila la reina de las aves. Incluso hoy día, los pingüinos mayores y más coloridos han conservado la denominación de emperadores. Y, ¿quién pondría en duda que, de entre los cánidos, el lobo es el más cercano al arquetipo que ahí intenta manifestarse?

Ya no podemos aferrarnos a concepciones tan impregnadas de sentimiento; un exceso de simpatía y antipatía nublarían una imagen verdadera del fenómeno. Pero debemos comenzar a pensar en nuevas categorías, para poder acercarnos a las tendencias formadoras que actúan en la naturaleza.

2. *Los ungulados*

El caballo es un miembro especial del gran grupo de los animales con pezuñas, conocido como de los ungulados. Este grupo a su vez, pertenece al enorme grupo de los mamíferos placentarios, es decir, los animales que se desarrollan dentro del organismo materno por medio de una placenta.

Los ungulados han sido divididos en dos subórdenes, una brillante aportación de Richard Owen. Uno incluye a los que tienen un número impar de dedos en cada pie (perisodáctilos), y el otro a aquellos con un número par de dedos (artiodáctilos). El grupo de los impares es mucho menor, tanto en especies como en familias, y también más limitado. Además del caballo, incluye a los tapires y rinocerontes. En la familia equina están incluidos el asno y la cebra.

El segundo suborden, los ungulados pares, es incomparablemente más rico. En él se distinguen dos grupos principales: los rumiantes y los no rumiantes. Entre estos últimos están el hipopótamo y la gran familia del cerdo. Los rumiantes incluyen grupos muy cercanos y conocidos del hombre, las criaturas que han formado parte de nuestra imagen del reino animal desde la infancia. Aquí están las vacas y camellos, la llama y la jirafa, el bisonte y el búfalo, ovejas, cabras e íbices. También están las gacelas y antílopes, ciervos, gamos, renos y alces y muchísimos más. En la infancia nos hemos sentido íntimamente ligados a ellos; viven en nosotros como compañeros que comparten el espacio más íntimo de nuestra alma.

Todos los ungulados, pares e impares, tienen muchos rasgos comunes. Ninguno es excesivamente grande o pequeño. El tipo de variación es más bien entre lo torpe y lo ágil. Va desde los informes rinocerontes e hipopótamos, pasando por los bisontes, vacas y camellos, hasta los gamos, ciervos, antílopes y gacelas. Este abanico nos muestra una imagen muy viva de las posibilidades de los ungulados, en función de la piel y la musculatura. El cuerpo del rinoceronte, cubierto de grandes placas de cuerno que le envuelven como una armadura y convierten sus patas en columnas que soportan su masa, sería uno de los extremos. El otro lo representa la grácil y delicada gacela o el antílope, cuyos miembros finos y ágiles portan el delicado cuerpo con ligeros saltos por las praderas y sabanas.

Sólo las jirafas rompen la regla del tamaño de los animales de los pastizales, con sus alargados y robustos cuellos que les llevan hasta las copas de los árboles. Los otros géneros y especies mantienen proporciones humanas; apenas las sobrepasan. Además, incluso la alta jirafa tiene un cuerpo comparativamente pequeño; sólo se han estirado sus patas y cuello. Torpeza y gracia, pesadez y elegancia son los factores en juego.

Otro rasgo esencial, y tal vez el más llamativo, porque consiste en la formación de nuevas estructuras orgánicas, es la formación de las pezuñas y la aparición en la cabeza de una gran variedad de apéndices óseos y córneos. La formación de astas y cuernos, y el cerramiento y endurecimiento de los miembros con pezuñas, es una de las características más extrañas de los herbívoros, sobre todo de los machos.

Estos dos tipos de formaciones están morfológicamente relacionados; hacia arriba, el proceso de la cabeza; hacia abajo, el de las pezuñas. Si los consideramos en función de su uso, tomaremos el camino errado, ya que los cuernos y astas no deben considerarse armas en la lucha por la existencia, ni los cascos como una ayuda para una mayor velocidad y movilidad. Si un animal hiere a otro de una coz o cornea a su enemigo sería como la famosa anécdota de Wartburg, en la que Lutero lanza su tintero al Diablo, lo cual no quiere decir que el tintero sea un arma.

Ambas son algo muy distinto de una herramienta. Son formaciones que surgen de la piel (cuernos) o del esqueleto (astas), transmitiendo hacia arriba y hacia el exterior lo que no se ha podido desplegar completamente dentro y abajo. Los pies, cerrados con las pezuñas, están como sellados. Hacia arriba, sin embargo, se abre un nuevo órgano con gran belleza y variedad.

Las pezuñas y los procesos de la cabeza son formas que se determinan mutuamente; esto es evidente cuando comparamos los artiodáctilos y los perisodáctilos entre sí, ya que los artiodáctilos llevan cuernos y astas en número par, desarrollándose como órganos simétricos bilaterales. El rinoceronte, por el contrario, un perisodáctilo, tiene los cuernos en el centro de su cara.

Incluso cuando tiene dos cuernos, éstos están en el eje de su hocico y separados uno de otro. Esto muestra que la 'imparidad' está presente incluso en la formación de los cuernos, así como que la 'paridad' se manifiesta en la formación simétrica de cuernos y astas.

Hemos llegado así a otro principio básico que determina las formas de los ungulados. La torpeza o agilidad determinan la forma corporal; esta forma, sin embargo, se encuentra en un campo de tensión entre los apéndices de la cabeza y las pezuñas. Dos tendencias formativas están activas aquí: una que moldea la forma exterior del cuerpo y otra que lo sella por debajo y lo abre por encima.

La fuerza que determina la forma exterior del animal está íntimamente ligada a la formación del pelaje y también, por lo tanto, a la producción y conservación del calor. Todos los ungulados son de sangre caliente. La fuerza que moldea la forma corporal tiene su raíz en la sangre y el pelaje.

La tendencia que da origen a las pezuñas, cuernos y astas deriva de la piel y los huesos. Lo que aquí actúa es el calcio y la sílice, dando lugar a las variadas formaciones.

Los cuernos le dan a la cabeza un cierto aspecto de pesadez; no hay más que pensar en el búfalo, el bisonte, el toro, el ñu y el bongo. Y cuando la masa del cuerno se eleva y se retuerce notablemente (kudú, antílope, íbice, rebeco), esta forma más suelta se acerca a la de las astas. Estas últimas prolongan la cabeza hacia arriba y fuera de sí. Se extienden hacia el mundo exterior como un órgano sensorial, que siente y percibe. Las fuerzas formativas del calcio actúan en el cuerno, pero en la formación de las astas intervienen las fuerzas de la sílice (4).

Lo que en los cuernos se ha quedado al nivel de las pezuñas, en las astas es superado. Poppelbaum (5) caracteriza esta polaridad de la siguiente manera:

En el cuerno, el cráneo sale un poco hacia el mundo exterior; pero al estar el cuerno recubierto de materia muerta, se cierra en sí mismo e impide la prolongación de las fuerzas formativas de la cabeza... Los animales astados, por otro lado, tienen su cabeza continuamente abierta hacia el exterior. Por eso su temperamento es más vivo, más despierto y nervioso; sus ojos tienen más expresividad y sus movimientos son más gráciles.

Pero hay un grupo que parece escapar a la regla general que acabamos de describir: los caballos. Tienen los cascos más perfectos y fuertes; pero no tienen ninguna formación en la cabeza.

Se podría objetar que el cerdo (y su familia: jabalí, facócero, etc.) y el tapir tampoco tienen cuernos. En su lugar, sin embargo, han desarrollado una especie de hocico que desarrolla algo parecido a lo que crece en los huesos frontales como cuernos o astas. Además, el cerdo desarrolla, a menudo, grandes colmillos que completan en la mandíbula lo que no se desarrolla en la frente.

El caballo, así como sus parientes cercanos, el asno y la cebra, eleva su cabeza por encima del tronco, sintiendo y oliendo, con sus grandes ollares bien abiertos, libre de cuernos y astas. Esto le da al caballo un lugar especial entre los ungulados.

3. El caballo y los ungulados

Ya hemos mencionado que el grupo de los perisodáctilos es pequeño en comparación con el de los artiodáctilos. No obstante, este orden tiene un gran número de especies todavía no extintas.

La historia de la tierra nos revela… que (los perisodáctilos) ya han pasado su apogeo. Trouessart cuenta hasta 131 géneros y subgéneros fósiles, con 517 especies y subespecies, y sólo ocho géneros y subgéneros vivos, con 36 especies y subespecies. (6)

Los artiodáctilos, por otro lado, aún están creciendo y desplegándose como grupo, con un gran número de géneros y especies que habitan todos los continentes, excepto Australia y Nueva Zelanda.

Por lo tanto, el caballo parece provenir de épocas pasadas de la tierra, y, sin embargo, es uno de los más cercanos compañeros del hombre. ¿O ha sido un hermano nuestro desde el principio?

Hay pocos animales sobre los que tengamos una visión de su desarrollo paleontológico tan clara, como la que tenemos sobre el caballo. Su filogénesis más temprana la encontramos en restos encontrados casi exclusivamente en América. La forma más primitiva proviene del Eoceno, la primera época del Terciario, que ya hemos comparado al desarrollo atlante. El caballo aparece aquí como *Eohippus* (*Hyracotherium*), y durante este tiempo se desarrolla en *Orohippus* y *Epihippus*. Estos tres ancestros del caballo muestran una clara similitud en su estructura con el caballo actual, pero son mucho menores. El *Eohippus* y el *Orohippus* eran del tamaño de un gato doméstico. Y el desarrollo de sus pies aún no se había decantado por el dedo central; el segundo y cuarto dedo todavía están presentes y los dientes aún no están tan especializados como los de nuestros caballos.

Podríamos describir las primeras criaturas equinas como pequeñas y ágiles. Abel, un experto en este campo, escribe:

> *Los caballos más antiguos no vivían en las praderas; eran animales pequeños, y su apariencia general era más cercana al pudú chileno o al kanchil de Java (tragulus) que a un caballo actual. (7)*

El kanchil y el pudú son los ungulados más pequeños que viven en la actualidad, no miden más de 20-30 cms de altura y 40-50 cms de largo, cola incluida. El kanchil es un almizclero enano y el pudú un ciervo en toda regla. Abel continúa:

> *Matthew ha señalado que los caballos más antiguos habitaban probablemente en los matorrales... alimentándose principalmente de hojas tiernas y hierbas jugosas.*

Y siguió su desarrollo. A lo largo del Oligoceno, Mioceno y Plioceno, durante todo el Terciario, los ancestros del caballo siguieron creciendo de tamaño. Aparecieron el *Mesohippus*, el *Meryhippus* y el *Pliohippus*, este último casi del tamaño de los actuales équidos. Al mismo tiempo, los dedos laterales se replegaron y desaparecieron; y el dedo central, de las patas delanteras y traseras, se quedó como el único portador del peso del nuevo y poderoso cuerpo. La dentición también se unificó; los colmillos se atrofiaron y los premolares se convirtieron en molares. En la figura 1 se puede ver el cambio de tamaño y forma de la cabeza en ciertas especies atlantes de caballos.

En los numerosos yacimientos fósiles se pueden revelar aún más detalles; pero no entraremos en todos ellos. Un hecho, sin embargo, es significativo: tan pronto como se alcanza el tipo *Pliohippus*, desaparece del continente americano. En los yacimientos del Pleistoceno se dejan de encontrar caballos, "hasta el día en que son de nuevo introducidos por el hombre" (8).

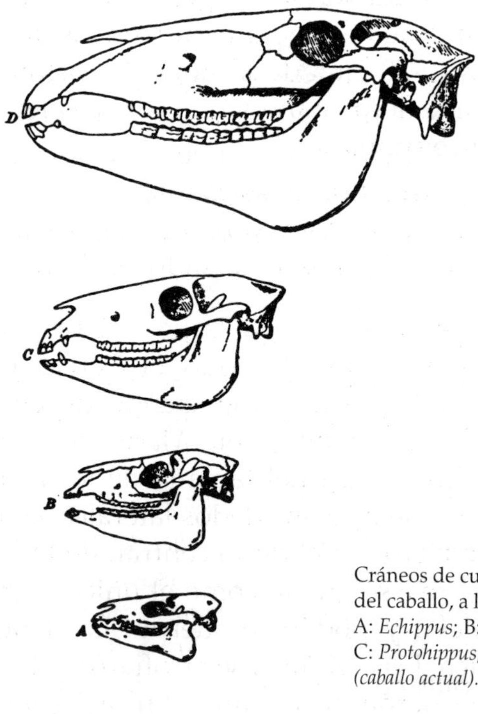

Cráneos de cuatro ancestros del caballo, a la misma escala. A: *Echippus*; B: *Meschippus*; C: *Protohippus*; D: *Equus (caballo actual).*

Los zoólogos y paleontólogos se quedan atónitos ante la desaparición repentina de los primeros caballos que viven en América. Algunos suponen que una epidemia debió exterminar las razas de caballos allí, y que sólo un pequeño grupo escapó por Alaska y las Aleutianas para llegar a Kamchatka y el Este de Asia.

De hecho, hasta los siglos XVI y XVII, con el redescubrimiento del Norte y Sudamérica de la mano de los europeos, no vuelven los caballos allí. Ni los indios americanos ni los aztecas conocían esos animales. Y, sin embargo, el continente americano fue la cuna de los caballos y los ungulados en general. Pero basta con adentrarse en las investigaciones científico-espirituales de Rudolf Steiner para encontrar las claves de la evolución de los équidos; y el misterio empieza a disolverse. El gran continente atlante sufrió grandes inundaciones en la transición al Pleistoceno. Comenzó una glaciación y, poco a poco, la Atlántida se sumergió en el creciente Océano Atlántico. Y con ella se sumergieron la mayoría de los animales que allí vivían, incluido el *Pliohippus*.

Pero los que pudieron huir se desarrollaron en Europa y Asia, bajo nuevas condiciones, y se convirtieron en los caballos actuales. Y ahora se han convertido en los animales de las grandes llanuras y pastos que conocemos.

Sobre su expansión, nos dice Abel (9):

Hoy día los caballos viven en las frías y secas mesetas de Asia Central, así como en las estepas Masai de África, donde las cebras... forman enormes manadas, o al menos lo hacían hasta hace poco. En el período glaciar europeo, sin embargo, no sólo encontramos caballos que se corresponden con los caballos asiáticos de las tierras altas —demostrando así la existencia de caballos de estepa en el Pleistoceno europeo— sino también caballos que viven en bosques y tundras, como se puede deducir de las condiciones geológicas y del carácter de la fauna que les acompaña.

Aunque sólo se nos da una breve indicación del fenómeno, podemos hacernos una imagen preliminar del despliegue del caballo. A partir de mamíferos pequeños, casi insignificantes, que habitaban en los espesos matorrales del mundo atlante, se desarrollaron animales cada vez mayores, que al final del período atlante ya habían alcanzado la forma y la estatura de los caballos modernos.

Al mismo tiempo se desarrollaron los otros mamíferos, sobre todo los ungulados y los herbívoros: el cerdo y el tapir, las jirafas y rinocerontes, los búfalos y bisontes, cabras y ovejas, antílopes y ciervos. Los más antiguos, que se remontan al principio del período atlante, son los no rumiantes: el cerdo, el hipopótamo y la pequeña raza del babirusa. Después, en el Oligoceno, aparecen los tilópodos, como la llama y los camellos y dromedarios. Al mismo tiempo aparece también el ciervo enano amizclado (ya hemos hablado del diminuto kanchil). Por lo tanto, desde el Mioceno, correspondiéndose con el último período atlante, comienzan a desarrollarse todos los rumiantes.

Podemos ver aquí una infinita abundancia de formas y tipos. Todos son mamíferos ungulados; pero llevan, o no, cuernos o astas, y tienen, además, otra característica aún no mencionada, que afecta profundamente a su carácter y temperamento: son principalmente vegetarianos, se han transformado gradualmente en animales de bosques y pastos. Los predadores que surgieron al mismo tiempo eran verdaderos cazadores, mientras que los ungulados pastaban en las estepas y praderas. Clarearon las densas florestas atlantes y vencieron a la lujuriosa naturaleza. Gracias a su modo de vida, el antiguo mundo nebuloso comenzó a verse iluminado con la luz del sol. La presencia de los ungulados limpió la densa atmósfera, eliminando las nieblas y brumas de las tierras de la Atlántida; las fuerzas catabólicas y digestivas vencieron al prolífico crecimiento vegetal salvaje.

Nos encontramos aquí con uno de los misterios de los ungulados: la transformación de la planta verde en leche blanca. Es una metamorfosis por la que la luz entra en la tierra. Hubo un tiempo en el que toda la atmósfera estaba impregnada de leche cósmica. Y entonces la respiración y la alimentación eran un único proceso. Después, al dividirse esta unidad, los procesos respiratorios y nutritivos se convirtieron en dos procesos independientes. (10)

Y fueron los ungulados los que promovieron esta división. No sólo vagaban por la tierra, sino que aclaraban los bosques y formaban praderas, transformando lo verde en nutritivo blanco. Fueron los precursores de los granjeros y campesinos. Por ello no es extraño que las vacas y ovejas, cabras y cerdos, hayan vuelto con el hombre de nuevo; pues fueron ellos los que prepararon las tierras para que éste pudiera arar, sembrar y recolectar.

¿Y qué papel juega el caballo en esta historia? ¿Pasaron por ella sin ninguna alteración? ¿No son unos de los ungulados más primitivos, remontándose hasta el comienzo de la Atlántida? No desarrollaron cuernos ni astas, sino que tomaron el camino central, para que los demás pudieran desviarse en otras direcciones y cumplir tareas especializadas.

A lo largo del período de la Atlántida el caballo se desarrolló como un rey. Su intención era poner el dedo medio de la pata delantera y trasera en la tierra, para conseguir un equilibrio total entre la gravedad y la levedad.

Así como el hombre es la medida de todas las cosas, el caballo puede ser llamado la medida de todos los ungulados. Se desarrolla en una dirección muy concreta, hacia su tarea terrestre: llevar al hombre en su lomo, tirar de sus vehículos sobre carreteras y caminos. El caballo se desarrolló en dirección al hombre: todos los ungulados sirven a la tierra. De este modo, el caballo se convierte en nuestro hermano y los ungulados en nuestra familia, más o menos distante.

4. Pezuñas y extremidades

Los équidos son el grupo de ungulados que ha alcanzado la mayor perfección en las pezuñas. El caballo, la cebra y el asno han desarrollado estos órganos hasta tal perfección, que uno apenas puede recordar su origen.

Todos los cascos o pezuñas se han desarrollado a partir de las uñas; y en la mayoría de los ungulados perisodáctilos es aún obvio, por que la parte córnea de las pezuñas cubre normalmente la parte frontal del pie. El casco del caballo, por el contrario, forma un anillo casi cerrado alrededor del dedo mediano. La estructura anatómica de este órgano es compleja; por un lado permite firmeza, y por otro lado, elasticidad y continua renovación. El casco no consiste en una simple placa aplanada, sino en varios pequeños tubos de cuerno unidos entre sí que ofrecen estabilidad y elasticidad. En el centro de la pezuña se encuentra el final de la tercera falange, rodeada y almohadillada por la ranilla, una masa formada por cartílago, grasa y tejido conectivo. En el anillo de cuerno queratinizado, esta masa forma una capa elástica que recibe la presión del hueso y transmite ésta a las paredes interiores del casco. En la parte inferior del casco, la ranilla está cubierta y protegida del contacto directo con el suelo por cuerno y piel que lo recubren.

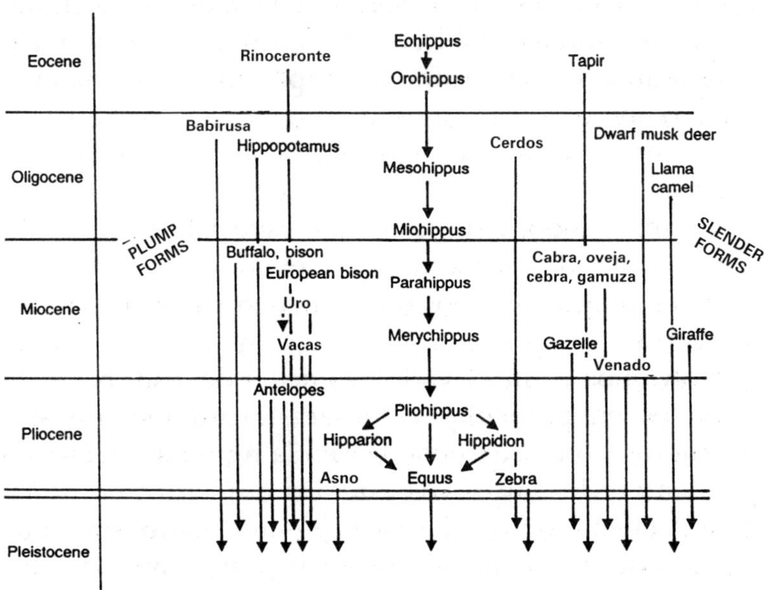

El casco es una especie de articulación. La falange es la cabeza, el casco en sí es el casquillo, y la ranilla el cojinete. Pero, sin embargo, todas las articulaciones son órganos sensoriales muy sensibles. Deberían considerarse órganos sensoriales en los que el sentido del tacto, de las fuerzas vitales y del movimiento trabajan juntos para que el cuerpo tenga una consciencia continúa de su posición y postura. Las pezuñas son órganos sensoriales subliminales, que le permiten al caballo sentir a través del suelo, de modo que cada paso es una experiencia sensorial. ¡Qué sensibles son los caballos a cualquier enfermedad en los cascos o a cualquier herradura mal puesta! Cualquier antiguo herrero nos lo podría confirmar. Así pues, el casco no es sólo un órgano de protección, como se dice normalmente; es más bien un órgano sensorial, y podría compararse a un ojo u oído, delicadamente construido y ampliado. En el caballo este órgano parece estar especialmente desarrollado.

Y ante esto uno se pregunta: ¿cómo se desarrolló? ¿Por qué se formaron las pezuñas en todos los ungulados y sobre todo, y de forma tan especial, en los équidos? ¿Puede deducirse de lo ya expuesto? Incluso me atrevo a preguntar: ¿Por qué tienen pezuñas los ungulados?

Volvamos de nuevo a la evolución de los caballos y miremos en particular el desarrollo gradual de sus miembros, como se puede ver en la figura 2. En ella se pueden ver los sucesivos estadios de desarrollo de la pata delantera desde el *Mesohippus* al *Pliohippus* ¿Y qué nos muestran? En primer lugar, podemos ver un alargamiento y ensanchamiento del dedo central. De un tipo a otro aumentan las proporciones de este hueso.

Sin embargo, al mismo tiempo, uno puede observar que el dedo se aleja del suelo, alargándose más y más. El ángulo entre la falange y el metatarso se abre notablemente, y continúa creciendo. Lo que significa que está yendo de una posición más horizontal a una cada vez más vertical. Esto es claramente una evidencia del proceso de erguirse que debe haber tenido lugar en el pie del caballo. Uno puede ver cómo el cuarto dedo se eleva progresivamente del suelo llevado por el dedo central, cuando éste se estira; acaba perdiendo el contacto con el suelo y degenera.

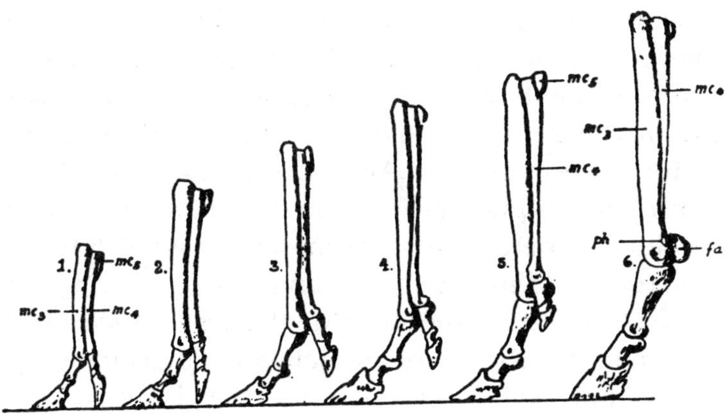

Vista lateral de los huesos de la pata delantera izquierda de seis ancestros americanos del Terciario del caballo actual. 1. *Mesohippus*; 2. *Miohippus*; 3. *Parahippus*; 4. *Merychippus eohipparion*; 5. *Merychippus eohipparion*; 6. *Pliohippus*. mc 3, 4 y 5 son los huesos del tercer, cuarto y quinto dedos respectivamente.

Rudolf Steiner habló a menudo de la fuerza de la levedad, que actúa en el hombre y le da su postura vertical. Esta misma fuerza, en menor medida y de forma diferente, también actúa en el reino animal. Entre los ungulados, y en particular entre los caballos, puede detectarse en la evolución de sus miembros. ¿Qué podemos concluir de esto?

Durante la época atlante, todos los ungulados pasaron por un proceso de erguimiento, similar al proceso que pasó el ser humano. Esta fuerza, al actuar en ellos, provocó el alargamiento de sus patas, haciéndoles caminar sobre sus dedos y elevándoles así un poco sobre el campo de gravedad de la tierra.

Si se le pregunta a un niño pequeño cómo es de grande, se pondrá de puntillas y estirará sus brazos; esto es lo que hicieron los ungulados. Se pusieron de puntillas sobre el campo de gravedad de la tierra, estirando sus miembros. Algunos animales quisieron incluso imitar al hombre e intentaron mantener erguida su columna; pero sólo se quedó en un intento fallido, como es el caso del oso y del canguro.

Por lo tanto no fue una adaptación lo que llevó al particular desarrollo de la falange del caballo. ¿Y, además, porque iba a combatir mejor en la 'lucha por la supervivencia' sobre un dedo que sobre cinco? A fin de cuentas, los artiodáctilos han sobrevivido bastante bien en los últimos milenios, aunque hayan elegido caminar y saltar sobre dos dedos en lugar de uno. Y los animales que caminan sobre cuatro y cinco dedos se mueven tan rápido como los demás. ¡Nunca ha habido un proceso de adaptación en este caso!

Lo que experimentaron los ungulados fue más bien

un proceso de verticalidad, de erguimiento. Los caballos tuvieron el coraje de ponerse de pie sobre el dedo medio y permanecer en esta postura. Los artiodáctilos prefirieron un equilibrio más estable, apoyándose sobre la tercera y cuarta falange.

Tanto los artiodáctilos como los perisodáctilos desarrollaron pezuñas porque debían contrarrestar la fuerza vertical que penetró en sus miembros. Esta tendencia tan fuerte hacia la verticalidad se compensó con una formación de cuerno, la pezuña. Y esto es una formación única en el ámbito de las formas animales.

Esta verticalidad no sólo actúa en los miembros; este mismo proceso penetra al animal por completo, y en el polo superior, en el área frontal y nasal, se manifiesta por medio de los cuernos y astas. Son como los brazos que estira el niño; los ungulados están de puntillas y han alterado su respuesta a la gravedad, se mueven entre el campo de levedad que rodea a la tierra. En esta nueva esfera ellos sienten, están abiertos al espacio-luz. Este ámbito de luz-éter forma unos órganos propios: los cuernos y las astas.

Sólo los caballos, y también el asno y la cebra, están libres de estos órganos. Sus pezuñas han llegado a un desarrollo tan perfecto, que han empleado todas las fuerzas formativas en el campo de gravedad y no han dejado ninguna para un desarrollo superior.

Sin embargo, no todos los animales con cuernos elevan sus cabezas en esta esfera de luz: el ñu, el bisonte, el búfalo y las ovejas, entre otros, suelen dirigir sus cuernos hacia la tierra. Sólo los animales astados llevan hasta el final este proceso de elevación y luz. La fuerza de levedad ha tomado posesión de su esqueleto, facilitando así esa formación. Cada año pierden las astas y las renuevan, y cada vez aparecen con una configuración más espléndida e impresionante. El ciervo y el wapiti, el alce y el reno, son los reyes de la raza de los ungulados.

Lo que al principio parecía solamente un fenómeno, ahora comienza a desvelarnos su secreto, un secreto a la vista de todos.

En los ungulados la fuerza de verticalidad actúa hacia arriba y hacia abajo. En el polo de gravedad forma las pezuñas; en el polo opuesto, el de la levedad, crea cuernos y astas.

Y éstos, así como el casco, son órganos sensoriales disfrazados; expanden la esfera de sensibilidad de sus portadores. El cuerno escucha más hacia el cuerpo; siente sordamente el fluir de la sangre y el murmullo de los fluidos vitales. Las astas, erguidas hacia el mundo, perciben las corrientes de aire que traen los olores y los colores hacia el animal. Esta polaridad también se encuentra en las sustancias de las que están hechos los cuernos y astas; el tejido óseo es muy diferente de la piel y el cuerno. El cuerno siempre tiende hacia la redondez; las astas forman estructuras axiales. Las astas manifiestan la fuerza de exteriorización; el cuerno muestra la tendencia de cerramiento producida por las fuerzas tangenciales. Las astas crecen del centro hacia la periferia; los cuernos, por el contrario, se forman concéntricamente de la periferia hacia el centro. Las astas son portadoras de la fuerza radiante de la vista; el cuerno, de la quietud de la escucha. ¿Y la pezuña?

Rudolf Steiner mostró en sus conferencias cómo se puede reconocer la metamorfosis del brazo y la pierna en la estructura y organización de los tres huesecillos del oído medio. El martillo, el yunque y el estribo, que se encuentran entre el tímpano y el oído medio, representan las tres transformaciones del pie, la tibia, la rodilla y el fémur.

Del mismo modo que los seres humanos sienten el suelo bajo sus pies, ellos sienten el tímpano con el 'pie' del huesecillo. Pero la construcción de estos pies terrestres con los que se mueven, es muy primaria. Con las suelas de los pies apenas sienten el suelo, mientras que con estas (transformadas) 'manos' o 'pies' de dentro del oído, sienten continuamente las sutiles vibraciones del tímpano. (11)

Del mismo modo, todos los ungulados, y en especial los caballos, sienten la vibración de la tierra bajo sus pies. Como están en contacto con la tierra sólo por medio de uno o dos dedos, su caminar es mucho más un proceso sensorial que una acción mecánica. Cualquiera que haya visto a gacelas, ciervos, corzos o rebecos saltar y trepar, no se le habrá escapado la impresión de que flotan o se deslizan. Un rebeco, al trepar, apenas toca las rocas; y un antílope vuela sobre la superficie de la sabana como si fuera llevado por la fuerza de la levedad. Las pezuñas oyen, sienten las vibraciones de la tierra bajo su leve peso y le dan al animal una sensación de seguridad que le permite superar la gravedad.

Al ver a los caballos retozar, correr, galopar, uno se sorprende de su gracilidad llena de fuerza. Y uno se queda con la impresión de que el ritmo de su paso, acompañada con la melodía de su piafar, es un componente necesario de su habilidad motora tan especial. El casco del caballo 'oye' el rítmico sonido del impacto, y de esta forma establece el compás del fluir de sus movimientos. Como un director, los cascos dirigen la secuencia motora.

Los animales astados están abiertos al ámbito etérico de la luz. Los ungulados con cuernos tienen una sorda percepción de las ondas de sonido de su propio cuerpo. Los caballos, por el contrario, crean su propio mundo sonoro al correr y saltar; y esto lo perciben a través de los cascos. El cuerno, el asta y el casco son órganos sensorios.

5. Los aires de los caballos

Aunque el caballo es uno de los mayores mamíferos ungulados, con sus poderosas patas y su enorme tronco, su movilidad es sorprendentemente variada. Grácil, fiero, delicado, temperamental, poderoso, lento, relajado: estos son algunos de los muchos registros de que dispone. Las diferentes posibilidades de movimiento en que se han especializado los ungulados —pensemos sólo en la gacela, la vaca, el íbice, la jirafa y el bisonte— se reúnen todas en el caballo. De ahí que sea también el único animal que pueda aprender a moverse al compás de la música y que pueda ser adiestrado para usar formas de movimiento y pasos que no le son naturales. La 'Alta Escuela' de caballos de Lippizaner en Viena ha llegado al apogeo del movimiento. Ver estas artes ecuestres es una auténtica experiencia musical.

Por la variedad de sus habilidades motoras, el caballo confirma su situación central entre los ungulados. Él reúne las posibilidades de movimiento que encontramos repartidas entre las demás especies.

Aunque su cuerpo es enorme y pesado, el caballo lo dota de cristalina armonía. Pese a la delgadez de las patas, pese al contraste en tamaño con los muslos traseros y el tronco, suspendido entre las cuatro patas, pese a la excesivamente larga cabeza y grueso cuello, siempre están presentes en él la gracia y la dignidad. La belleza y la armonía con que nos encontramos tiene más que ver con la gracia de sus movimientos que con la forma del cuerpo.

Y, además, está la movilidad y sensibilidad internas de la naturaleza equina. Parece que siempre le recorre el cuerpo un ligero temblor; aparecen venas bajo la piel y desaparecen de nuevo. La piel forma finos pliegues y arrugas, y luego se vuelve a relajar. Es como si por el cuerpo fluyeran sin cesar oleadas de sensaciones.

¿No sería el cuerpo del caballo comparable a un instrumento musical, en el que el movimiento provoca ritmos y melodías? Visto desde arriba, ¿no parece un enorme violonchelo? La cabeza y el cuello del caballo corresponderían al mástil del instrumento, y la característica forma de la caja, con curvas proyectadas por encima y por debajo, serían como la línea del torso.

En el lugar donde está el puente es donde se coloca la silla de montar, y justo debajo de ese punto está el centro de gravedad del cuerpo del caballo. Está justo dos veces más lejos del lomo que del vientre, dentro del cuerpo, en la región del corazón. En lugar de cuerdas, tiene patas, que hacen posible el movimiento. El movimiento 'toca' en el instrumento del cuerpo del caballo; el cuerpo vibra en su ritmo, y los cascos son los órganos sensoriales que perciben las vibraciones motoras.

Sólo desde este punto de vista podemos comenzar a comprender los tres o cuatro tipos naturales de aires (pasos) del caballo. (12) Según las opiniones, el paso de andadura o ambladura puede o no ser considerado como un paso innato. Para comenzar lo descartaremos y consideraremos los tres pasos más generalizados: el paso, el trote y el galope.

El elemento característico del paso es que no se mueven dos patas al mismo tiempo. Como en todos los pasos, la iniciativa procede de un cuarto trasero; y luego le sigue la pata delantera opuesta. Es una rápida sucesión de movimientos cruzados, que permite un avance estable. El paso no es nunca una especie de carrera, como son los otros dos.

El trote tiene un carácter diferente. Aunque hay variantes de este paso, su forma básica es siempre la misma: las patas diagonales se mueven al mismo tiempo, la trasera derecha y la delantera izquierda, etc. La rápida sucesión uno a uno del paso, se convierte aquí en un dos a dos; sólo se oyen dos golpes por cada unidad de paso.

El galope es un movimiento mucho más complicado. De nuevo, comienza uno de los cuartos traseros, pero es seguido del par de patas en diagonal a aquél, y luego termina la pata restante. Si nos imaginamos al caballo como si estuviera flotando en el aire, podemos decir que la pata trasera es la que primero toca el suelo; luego viene el par diagonal, y finalmente la pata delantera restante.

Como la ambladura no es natural en todos los caballos, la describiremos brevemente. En ella, las patas de un lado se mueven juntas, alternando con las del otro lado. Así, el lado derecho avanza de una vez, y luego el izquierdo, etc.

Si intentamos hacer una imagen de estos tres 'aires', podría tener el siguiente aspecto (1 y 2 indican el número de patas que caen al mismo tiempo):

Paso:	1-1-1-1	1-1-1-1	1-1-1-1
Trote:	2-2	2-2	2-2
Galope:	1-2-1	1-2-1	1-2-1

Esto evidencia que estos tres aires —la ambladura es sólo otra forma de trote— son tres tipos diferentes de ritmos, basados en el compás de cada paso en particular. El paso procede del compás de 4/4; el galope del de 3/4 y el trote del de 2/4. ¿Hay algo que pueda demostrar más vívidamente la naturaleza musical del movimiento del caballo?

Estos ritmos son la base de todas las danzas populares. El vals, las danzas de salón, las danzas húngaras y danzas similares se basan en estos ritmos. Y éstos están inscritos en la configuración motora del caballo como ritmos innatos; y así estos animales se convierten en portadores naturales del ritmo y el compás. Las cuatro extremidades son su expresión, y la naturaleza del caballo se manifiesta en ellas. El paso, el trote y el galope son los tres ritmos arquetípicos de toda música; el caballo es su cuerpo. Además, este cuerpo es la imagen de los instrumentos de cuerda, que originalmente sólo expresaban ritmo y compás.

Sólo tras un entrenamiento prolongado y constante, puede el caballo dominar los pasos artificiales de danza. Pero los tres pasos rítmicos le son naturales; y así nos encontramos con el limitado abanico de posibilidades motoras, pese a su relativa variedad. Y es que para el caballo sólo es fácil el movimiento hacia delante; apenas tiene movimiento lateral. Tampoco tiene mucha capacidad hacia arriba o hacia abajo. Por lo tanto, el ritmo y compás carecen de melodía; esta sólo puede venir por medio del entrenamiento con un ser humano.

La columna está horizontal; aunque la fuerza de la verticalidad está presente en las patas, no ha llegado hasta la columna vertebral. Por esta razón, el plano principal de simetría del cuerpo del caballo es sagital. Este plano divide el cuerpo a lo largo de la columna en dos mitades simétricas. Los cuatro pasos giran entorno a él; alternando un lado y otro; y el centro de gravedad también está en él.

El plano frontal puede verse como atravesando las patas delanteras, perpendicular al plano sagital. Es el plano que avanza hacia delante en el movimiento y en el que tiene lugar el movimiento hacia arriba y hacia abajo.

El plano horizontal, por otro lado, es el terreno que encuentran los cascos. Es cortado perpendicularmente por los planos frontal y sagital, que se mueven sobre él a medida que avanza. El instrumento corporal del cuerpo del caballo y la actividad rítmica motora que 'toca' en él se inscriben en el espacio en estos tres planos.

Para que suene una melodía en esta locomoción rítmica, el caballo debe ser montado por un hombre. Tan pronto como esto ocurre, el paso y la dirección — bajo el control del jinete— se hacen melódicamente efectivos. Ahora el plano frontal pasa por el ser humano, haciendo de jinete y caballo una unidad. El caballo da el ritmo, el hombre la melodía, y juntos forman una entidad musical armónica. Este es uno de los secretos del placer de montar a caballo: el hombre y el animal juntos se convierten en música, música que se puede experimentar.

El caballo no ha encontrado la plenitud hasta que el hombre lo ha montado, y se ha dejado llevar por él. Aunque los caballos pueden ser muy bellos en libertad, sin seres humanos parecen incompletos y desnudos. Sólo llegan a la plenitud por medio de la humanidad, y así son completados.

Los caballos se han desarrollado a partir de criaturas insignificantes. Permanecieron cerca del hombre; pero no se convirtieron en nuestros hermanos hasta mucho después. Entonces se quedaron unidos a nosotros durante miles de años, hasta que la moderna tecnología les alejó de nuestra vida productiva. Su ritmo ha sido reemplazado por los motores de dos y cuatro tiempos, y en los países modernos su fuerza de trabajo apenas está presente.

6. El hombre y el caballo

La estrecha comunidad de vida que se ha formado entre el hombre y el caballo en el curso del desarrollo de la cultura se manifiesta con elocuencia en las diferentes lenguas. En alemán hay pocos animales con tantos nombres diferentes. No sólo se habla de 'Pferd', sino también de 'Gaul' y 'Ross'. La región en que se utiliza 'Gaul', limita al sur con la del uso de 'Ross', y al oeste y norte con la de 'Pferd', y se encuentra entre Kaufbeuren, Birkenfeld y Paderborn (13). La palabra 'Gaul' viene del alemán medio alto y antes significaba animal macho. 'Pferd' se deriva del latín 'veredus', caballo de postas. Y 'Ross' —en el antiguo alto alemán 'ros', en anglosajón 'hors', y en inglés 'horse'— señala en la dirección de la (hipotética) forma germánica que significaba 'saltar'.

Si uno intenta sentir el significado interior de estas tres palabras, 'Gaul' señalaría más al animal de tiro, 'Ross' al animal de monta y 'Pferd' al guía. 'Ross' y 'Reiter' (jinete) son términos relacionados; 'Gaul', por otro lado, describe el esfuerzo del animal uncido a una carreta; mientras que 'Pferd' tiene un elemento de indicación del camino.

En inglés también encontramos una gran variedad de nombres. Están las denominaciones sexuales de 'mare' (yegua), 'stallion' (semental, garañón) y 'gelding' (caballo castrado); y el joven 'foal' (potro) puede también llamarse 'filly' o 'colt'. También existe el término 'stud' (caballeriza) donde se crían los caballos.

Según los colores, los caballos pueden ser zainos, alazanes, bayos, bayo encerado, roanos o pardos. También hablamos de un viejo jamelgo, rocín o penco. Según sus razas, hablamos de purasangres, media sangres, de sangre caliente o fría, y, por supuesto, de los póneys.

Algunos caballos famosos tenían nombres que aún nos son conocidos, como por ejemplo Rocinante de Don Quijote y Bucéfalo de Alejando Magno. El caballo de Calígula Jucitato fue nombrado cónsul por su amo y fue tratado y alimentado como tal. Estos son signos claros de la hermandad que se ha desarrollado entre el hombre y el caballo.

Las tribus germánicas tenían la costumbre de enterrar a sus guerreros con sus caballos. También Atila fue enterrado con el suyo. En Dinamarca, en la antigüedad, "durante la construcción de una iglesia, se enterraba a un caballo vivo en sus cimientos" (14).

Sin embargo, suponer que los caballos han acompañado al hombre desde los primeros tiempos sería erróneo, como así lo muestran las evidencias históricas y prehistóricas. Hasta relativamente tarde, cerca del año 3.000 a.d.C., no se acercó el caballo al hombre como animal doméstico y de trabajo. Desde mucho antes el hombre lo había cazado. En muchas pinturas rupestres de la Edad de Piedra de cuevas en España, Sur de Francia y Europa Central se encuentran pinturas de caballos salvajes junto con uros, mamuts, elefantes e íbices.

Y durante varios períodos de las glaciaciones, el caballo salvaje, así como el bisonte, fueron las principales fuentes de alimentación del hombre. En algunos campamentos del hombre del Pleistoceno, sus huesos están apilados como basura en vastos montones (15).

Los caballos salvajes de aquel tiempo tenían una cabeza más grande, dientes más fuertes y mandíbulas más poderosas que nuestros caballos actuales. A juzgar por los restos óseos, debieron haber habitado en el sur de Europa en enormes manadas. Pero gradualmente desaparecieron de allí, retirándose a los bosques del norte. Allí se quedaron, en estado salvaje, hasta la Edad Media, y no desaparecieron hasta los últimos dos siglos. Plinio el Viejo escribe: "En el Norte uno encuentra manadas de caballos salvajes". Siglos más tarde, en el año 732, el Papa Gregorio III le escribe a Bonifacio: "Has permitido a algunas personas comer carne de caballo salvaje y a muchos también la del amaestrado. En lo sucesivo, santo hermano, no permitas esto de ninguna manera".

Helisaeus Rösslin (cuyo nombre significa 'caballito'), en 1593, escribe sobre los caballos salvajes de los Vosgos: "Los caballos salvajes son mucho más salvajes y asustadizos que los ciervos de muchos lugares, y también mucho más difíciles y penosos de capturar". Él piensa, sin embargo, que, una vez capturados, "son los mejores caballos, iguales a los españoles y turcos".

Incluso hoy día hay caballos salvajes, los tarpanes, que viven en las estepas y bosques del este de Rusia. Son animales pequeños, con patas fuertes y delgadas y un largo cuello. Son similares en apariencia al asno, como el caballo Przewalski, descubierto por primera vez en 1879 en Asia Central. Éste vive en pequeñas manadas, dirigida cada una por un semental.

Tal vez sea aquí, en la tierra de los kirguizos y los tártaros, donde debemos buscar el hogar de todos los caballos post-atlantes y de sus descendientes. Es sólo una suposición; pero no cabe duda de que los mongoles del norte y centro de Asia usaban el caballo para montar desde tiempos muy antiguos. Y sólo mucho más tarde llegó a las naciones civilizadas. Según von Pritzwald (16):

> *El caballo no estaba entre los animales domésticos de los antiguos reinos sumerio y babilónico; Hammurabi no lo incluye en su Código entre los animales domésticos. Tampoco aparece en Egipto hasta el reinado de los Hicsos, ni en los primeros tiempos de los israelitas:*

entre los animales domésticos enumerados en posesión del patriarca Jacob, no se cita al caballo.

Otra descripción (17) nos dice:

En el antiguo reino de Egipto, el caballo era totalmente desconocido; el asno era la única bestia de carga y trabajo que se tenía... No fue hasta el siglo XVII a.d.C. cuando parece que los Hicsos trajeron el caballo al Valle del Nilo desde Asia Occidental. Pronto se naturalizó; entonces, desde la 18ª dinastía en adelante (1580-1350 a.d.C.) bajo Tutmosis y Amenofis, y especialmente en la 19ª dinastía (1350-1205 a.d.C.) bajo los Ramsés y los Set, se convirtió en un animal doméstico muy valorado.

El caballo, en aquellos días, ya tiraba de los carros de guerra; también se le uncía a los carros de dos ruedas, usados para la caza. También se usaba en Babilonia y Asiria para la guerra y la caza. Pero hasta siglos después no parece haber sido usado para la monta. Ningún pueblo africano, salvo los egipcios, poseía caballos entonces. Herodoto informa que los árabes que luchaban en el ejército de Jerjes montaban en camellos, "que no envidiaban en velocidad a los caballos".

Hasta la época de los griegos y romanos no se usa el caballo para la monta. El ser humano entonces salta sobre su lomo y se convierte en su amo. El magnífico relieve del Partenón, que muestra a muchachos montando en la procesión Panatenaica, marca la consumación del dominio del caballo por el hombre.

Incluso ante las murallas de Troya, los griegos y troyanos no lucharon sobre los caballos, sino en carros tirados por caballos. (18)

Todos estos hechos son testimonio de la tardía asimilación del caballo a la historia cultural de la humanidad post-atlante. Hasta la mitad del segundo milenio antes de nuestra era no se ata al caballo a los carros de guerra y caza; y hasta un milenio después no se monta el hombre sobre él y se convierte en jinete.

En la misma época, los mongoles tomaban al asalto las estepas asiáticas sobre sus pequeños caballos; y es muy posible que las tribus germánicas, un poco más al oeste, adoptaran su uso del caballo para el transporte y la monta. En sus migraciones al norte de Europa, se encontraron con el caballo salvaje indígena y lo amaestraron. A partir de su mitología es evidente que percibían a sus dioses como seres a caballo: Wotan (Odín) y sus huestes cargaban sobre sus caballos divinos. En sus cultos sacrificaban, sobre todo, caballos en el altar; en el sur de Suecia se ha encontrado un cráneo de caballo con los restos de una daga en su hueso frontal.

Tal vez debemos asumir que hubo dos corrientes a través de las cuales el caballo entró en la historia de la humanidad. Desde el este, los caballos salvajes que pastaban en las estepas asiáticas llegaron por Turkmenistán, Persia y el actual Afganistán hasta Babilonia y Asiria. Se convirtieron en los caballos ligeros de guerra y monta. Por otro lado, en el norte de Europa, en Escandinavia y el norte de Rusia, el caballo salvaje nativo fue amaestrado, usado como animal de sacrificio, y gradualmente se convirtió en el entrañable caballo de tiro (Gaul) y miembro de la familia entre los Teutones.

Reinhardt (1912, 203) llega a una conclusión similar:

El caballo oriental o de 'sangre caliente', muy cercano al asno en su estructura craneal, es el progenitor de todos los caballos ligeros, usados para monta y tiro. El caballo occidental, menos grácil, pero más fuerte, 'de sangre fría', es el antecesor del pesado caballo de tiro alemán, cuyos ancestros portaban a los caballeros medievales con sus armaduras pesadísimas tanto para el hombre, como para el animal.

¿Por qué el hombre montó al caballo tan tarde? Se pueden dar varias respuestas. En tiempos prehistóricos, el caballo era un animal sagrado. En la India y Persia estaba asociado a los dioses. Indra montaba por los cielos sobre un caballo; los caballos llevaban el carro del sol y trasladaban la luna por el espacio. ¿Podían los ayudantes de los dioses ser montados por los humanos? Sólo podían ser ofrecidos en sagrado sacrificio a los que les empleaban en los mundos superiores.

Sin embargo, a medida que la clarividencia comenzó a remitir en el hombre, despertándose el conocimiento en su lugar, los caballos fueron amaestrados, embridados y uncidos a los carros. Su poder fue desviado al servicio del hombre. Y más tarde aún, a medida que los templos de los Misterios cerraron gradualmente sus puertas y la luz de la lógica brilló en Sócrates, Platón y Aristóteles, llegó el momento de que el hombre se sentara en el caballo y se convirtiera en su señor.

Rudolf Steiner se refiere en varias ocasiones a este paso del desarrollo humano. En la introducción a "Enigmas de la Filosofía" (20) podemos leer:

En Grecia es donde nace la aspiración hacia el conocimiento del mundo y sus leyes por medio de un ele-

mento que podría ser reconocido en nuestro tiempo como pensamiento.

Y en "Tierra, Universo y Hombre" dice:

Hemos visto cómo un puñado de hombres (los proto-semitas que fueron conducidos fuera de la antigua Atlántida bajo la guía de Mani), que vivieron en la actual Irlanda... adquirieron las cualidades que se manifestaron gradualmente durante las siguientes épocas culturales... Éstas consistían en una predisposición hacia el pensamiento lógico, hacia el juicio. Antes de esto, no existía una cosa así; si surgía algún pensamiento, enseguida era aceptado. El germen del juicio discriminatorio fue implantado en ese puñado de hombres, y ellos lo llevaron del Oeste al Este. Por medio de sus migraciones colonizadoras, una de las cuales fue por el Sur, hasta la India, se introdujo el pensamiento lógico en la cultura persa. En la tercera época cultural, la de Egipto y Caldea, este pensamiento lógico se hizo más intenso, hasta que los griegos lo llevaron a la perfección, edificando el grandioso monumento de la filosofía aristotélica. (21)

Por lo tanto, tenemos aquí una visión de cómo se desarrolló el pensamiento en el curso del desarrollo de la humanidad; y en él podemos reconocer simplemente el aspecto interno de lo que ocurrió externamente en el encuentro gradual del hombre y el caballo.

El puñado de proto-semitas que, despreciados e insignificantes, aparecieron durante las últimas fases atlantes, lo hicieron al mismo tiempo que el *Eohippus, Mesohippus* y *Orohippus*. Tanto los proto-semitas como los hipparion migraron hacia Oriente, abandonando el continente que luego se sumergiría.

Estos pueblos se convirtieron en los fundadores de las culturas post-atlantes. Al mismo tiempo, los caballos se quedaron cerca de ellos, esperando tener un contacto más cercano. Invisiblemente, llevaron consigo los poderes del pensamiento que debían despertar gradualmente a la humanidad. Eran las sombras de los pensamientos cósmicos, que los videntes percibían como dioses montando a caballo, como Indra, Wotan y Poseidón.

Paso a paso, la cabeza humana se convirtió en la portadora del pensamiento. En Grecia, este proceso llegó a la perfección; el caballo se convirtió en montura, el hombre en jinete, en caballero.

Armado con la lógica aristotélica, pisó la tierra de Dios como su dueño. Alejandro, discípulo de Aristóteles, pudo domar a Bucéfalo; puso caballo y lógica a su servicio. Fue el primer caballero de la humanidad.

7. Caballos míticos

El mundo griego de los dioses y héroes es muy rico en figuras equinas. Aparecen en sus formas más variadas junto a hombres mortales y seres inmortales. Desde las profundidades de la tierra hasta las alturas de los cielos, llenan el variado mundo con hechos terrenales y acontecimientos suprasensibles. Y siempre se trata de superar el estado salvaje, el gran poder del caballo, por medio de la inteligencia y la fuerza humana. La lucha entre el hombre y los ungulados, desde las artes de Poseidón para transformarse, hasta la astucia de Odiseo, es el centro de la mitología equina griega. Esto fue percibido por Bachofen:

El caballo es una imagen del poder elemental indómito que reina en los pantanales, el poder que esparce lujuriosamente las semillas fértiles sobre la tierra... y también el símbolo de la vida adúltera. Y la sujeción de este caballo salvaje es tarea de la mujer. (22)

Este salvaje e indisciplinado ser, que patea la tierra con sus cascos y remueve las aguas de los mares con el fuego de su pasión, es un súbdito de Poseidón; que, a su vez, toma la forma de un semental y se acerca a la madre tierra, Démeter, que le permite aparearse con ella. Le da una hija, cuyo nombre no podía ser pronunciado fuera de los Misterios. Y de su vientre sale también el famoso caballo Arión, de crin negra, que es más rápido que el viento.

Poseidón estaba tan cerca de los caballos, como Démeter del grano; y en el momento en que se esposa con Amfitrita y se convierte en señor de los océanos, aparecen esos "caballos monstruosos, mitad caballo, mitad pez-serpiente; centauros marinos, cuyo cuerpo era, en su parte inferior, una mezcla de caballo y pez; *Okeaninais* y *Nereides*, con nombres que revelan su naturaleza equina y femenina; nombres como *Hippo, Hipponoe, Hippothoe* y *Manippe*" (23)

En el propio Poseidón y sus huestes vemos la tormentosa naturaleza equina, que Bachofen describe como "el poder del agua que lujuriosamente insemina la tierra". Estas son las fuerzas meteorológicas, que parecen actuar sin ley y que también actúan en el hombre cuando le poseen las pulsiones y la pasión.

Rudolf Steiner (24) describe el ámbito del poder de Poseidón tal como lo experimentaban los antiguos griegos:

(El hombre griego) sentía que, en el flujo y reflujo del océano, en las tormentas y huracanes que arrasan la tierra, están activas las mismas fuerzas que viven en nosotros cuando pulsan las emociones más duraderas, la pasión y los hábitos a través de nuestra memoria... Son las fuerzas que llamamos 'cuerpo etérico'... Los antiguos griegos aún eran conscientes de una figura que se percibía por medio de la clarividencia, aún eran conscientes del que dirigía, del que era centro de todas estas fuerzas en el macrocosmos, y le llamaban Poseidón.

Las nereides y las oceánides representan las fuerzas formativas salvajes no purificadas, que quieren ser elevadas y transformadas. Hacia esto es hacia lo que apunta la mitología griega.

El hijo de Poseidón, Belerofonte, nieto de Sísifo, deseaba un caballo alado. Su padre le dio al inmortal Pegaso. Pero Pegaso era también hijo de Poseidón y por lo tanto hermano de Belerofonte. En los primeros tiempos, cuando las górgonas aún tenían una belleza resplandeciente, Poseidón amó a una de ellas, Medusa. Durante mucho tiempo guardó en secreto el germen que crecía en su vientre; y hasta que Teseo le cortó la cabeza no salió el alado Pegaso de su cuello ensangrentado. Así es como salió el caballo, desde las más oscuras profundidades, a la luz del día.

Belerofonte, un héroe mortal, fue incapaz, al principio, de domar a su hermano Pegaso. Sin embargo, cuando le pidió ayuda a Palas Atenea en uno de sus altares, ésta le dio un talismán de oro.

El héroe montó en el divino corcel y danzó con él la danza de la guerra con toda la armadura, en honor de la diosa. (25)

Así pues, el caballo, que surgió de las profundidades, fue domado y montado por un hombre con ayuda de la diosa de la sabiduría, que le dio el talismán de oro.

Con los poderes que se le confirieron realizó proezas similares a las de Hércules. Sus victorias —también tuvo que luchar contra las Amazonas— fueron tan grandes, que consiguió a la hija del rey de Licia como esposa.

Pero entonces, el poder de esa reciente capacidad del pensamiento se vuelve contra él. Surgen las dudas: "¿Son realmente dioses?". Y quiso averiguarlo por sí mismo, montó en Pegaso y subió hasta el Olimpo, donde intentó irrumpir en el consejo de los dioses. Pero eso era demasiado. El caballo desmontó a su desorientado jinete y éste cayó a la tierra, y una vez allí, en las llanuras de Aleion (las llanuras del 'eterno vagar'), llevó una existencia miserable. Así es como las dudas y recelos del pensamiento pueden hundirnos desde las alturas de la claridad al abismo del desconocimiento.

Pero fue Hércules el que primero llegó a dominar al caballo. Él fue el que domó los caballos de Diomedes; ese fue el séptimo de los doce trabajos que tuvo que realizar. Estos animales, como Pegaso, eran alados y también estaban emparentados con las arpías, las górgonas y las erinies; comían carne humana. Su amo, Diomedes, era hijo de Ares. Hércules lo mató y arrojó su cuerpo a los caballos. De este modo, se amansaron y Hércules pudo llevarlos a Micenas. Y se dice que Bucéfalo, el caballo de Alejandro Magno, descendía de él.

Otro aspecto de los caballos mitológicos proviene de las historias de centauros. Su origen se atribuye a Hera, quien, antes de pertenecer a Zeus, fue fecundada por los gigantes, y tal vez por otras fuerzas primordiales también, y dio a luz a los centauros. Estas criaturas, mitad caballo, mitad hombre, están en el proceso de transformar su naturaleza animal en naturaleza humana. Uno de ellos, Quirón, se convierte en el maestro de Asclepio, pues aún posee la sabiduría divina. Conoce la magia y el poder curativo de las hierbas. Algunas veces se le representa tocando la lira. ¿Era acaso discípulo de Orfeo?

Rudolf Steiner (26) habló de la imagen del centauro en conexión con Gilgamesh. Describe a esta personalidad como un ser penetrado y guiado por un arcángel, y prosigue diciendo:

> *Por medio de Gilgamesh actuaba un ser de este tipo... Podemos representárnoslo con la imagen simbólica de un centauro... Un centauro, mitad animal, mitad hombre, representaba siempre cómo, en los hombres más poderosos en la antigüedad, lo más elevado espiritualmente del hombre se separaba claramente de lo que unía la personalidad individual a la organización animal. Para los que lo podían percibir así, Gilgamesh se les presentaba como un centauro...*

Esta es, pues, la variopinta imagen de la naturaleza mítica del caballo que hemos recibido del mundo griego. Continuamente impregna la imaginería de aquella época, y pone a los hombres frente a la tarea de confrontarse con su propia naturaleza. Atenea, Hércules, Belerofonte, los centauros y Poseidón: todos ellos aparecen en obras y dramas que suponían una guía exotérica hacia los Misterios.

En ellos se enseñaba cómo la naturaleza humana

había expelido la naturaleza equina fuera de sí en tiempos pasados, de modo que el hombre pudiera recibir el poder de la inteligencia. Este secreto era la quinta página del "Libro de las diez páginas". La apertura de esta quinta página está representada en el Apocalipsis de San Juan, en el capítulo sexto. El Cordero abre el primero de los cuatro sellos del Libro de la Vida. "Y en la visión se apareció un caballo blanco". Y le sigue un caballo rojo; luego un caballo negro y, finalmente, un caballo amarillento. Cada caballo tiene un jinete que tiene unos atributos particulares. El jinete del caballo blanco lleva una corona, "y se marchó victorioso para vencer otra vez". El jinete del caballo rojo lleva una gran espada, "para quitar la paz a la tierra". El jinete del caballo negro "llevaba en la mano una balanza". Sobre el caballo amarillento monta aquél cuyo "nombre... es Muerte, y el abismo le seguía".

En una detallada explicación de estas imágenes, Rudolf Steiner clarifica su significado (27). La procesión victoriosa que aquí se describe es la del creciente poder del intelecto. Los cuatro períodos post-atlantes aparecen aquí bajo la forma de cuatro caballos y los que los montan. (28)

En los tiempos de la Antigua India, el hombre tuvo que alejar su mirada del mundo físico y dirigirla hacia el mundo espiritual. Gracias a esto, el hombre, en la primera época tras la Guerra de Todos contra Todos, tendrá que vencer sobre el mundo físico sensorial. Y lo conseguirá gracias a lo que habrá asimilado de lo que fue inscrito en su alma durante la primera época.

La segunda civilización, la de la Antigua Persia, tuvo como meta dominar la materia; esta conquista se simboli-

za con la espada, que representa, para la segunda época después de la Guerra de Todos Contra Todos, el instrumento de dominación sobre el mundo exterior.

Lo que el hombre ha aprendido durante la civilización babilónica y egipcia, cuando pudo medir y sopesar según las reglas, reaparece en la época siguiente, simbolizado por la balanza.

Y la cuarta revela algo de la máxima importancia: que el ser humano ha recibido de Cristo, en la cuarta época, a través de su aparición en la tierra, la vida espiritual, la inmortalidad del Yo. En la futura cuarta época, los que no hayan adquirido la inmortalidad, los que estén condenados a morir, caerán.

Esta es la verdadera misión del caballo en la historia de la humanidad. Por medio de su sacrificio, los seres humanos hemos adquirido el intelecto. Lo que en el caballo es fuerza natural, en el hombre se ha transformado en vida del pensar.

En este contexto, y como introducción al anterior extracto, Rudolf Steiner expone:

Por muy curioso y grotesco que parezca, no es menos cierto que si no hubiera habido a nuestro alrededor animales de naturaleza equina, el hombre nunca hubiera podido adquirir la inteligencia.

En tiempos antiguos, el hombre aún percibía esto. Y todas las relaciones entre los diferentes pueblos y el caballo provienen de un sentimiento comparable al misterioso sentimiento de amor entre los dos sexos, el sentimiento de lo que el hombre debe al caballo. De ahí que, cuando surgió una nueva cultura en la antigua India, el caballo representara un misterioso papel en las ceremonias religiosas, en la adoración a los dioses. Y todas las costumbres relacionadas con el caballo tienen este origen. Si se observan las costumbres de los pueblos antiguos que aún estaban cerca de la antigua clarividencia, las antiguas tribus germánicas, por ejemplo, verán que colocaban cráneos de caballos en las fachadas de sus casas. Esto provenía de la consciencia de que el hombre se había alejado de la no-inteligencia al separarse de esa forma. En lo más profundo de su ser, el hombre tiene consciencia de que la adquisición de la inteligencia está unida a este hecho. (29)

Karl König comenzó unas notas para el epílogo de Hermano Animal, pero no pudo acabarlas. Murió el 27 de marzo de 1966.

Notas

El origen de las focas

1. Lucanus, Friedrich von. 1929. Zugvögel und Vogelzug. Berlin.
2. Ibíd.
3. Lockley, Ronald Mathias. 1954. The Seals and the Curragh. Londres.
4. Scheffer, Victor Blanchard. 1958. Seals, Sea Lions and Walruses. Standford.
5. Steiner, Rudolf. Ägyptische Mythen und Mysterien. Leipzig, 2-14/09/1908. GA 106.
6. G. Wachsmuth. 1950. Die Entwicklung der Erde. Dornach.
7. Steiner, Rudolf. Aus der Akasha-Chronik. 1908. GA 11.
8. Son las típicas representantes de un fenómeno biológico llamado neotenia.
9. Frazer, Sir John. 1922. The Golden Bough. Londres.
10. Steiner, Rudolf. Das Faust-Problem. Dornach, 30/09/1916 a 19/01/1919. GA 273.
11. Estoy en deuda con el profesor Kohl-Larse por el texto de este relato, porque lo escuchó conmigo y lo transcribió. Quisiera manifestar mi agradecimiento hacia él por su valiosa ayuda.

La vida de los pájaros bobos

(1). Hemos decidido mantener la denominación de pájaro bobo, aunque estos animales sean más popularmente conocidos como pingüinos. (Véase nota 6)
1. Kearton, Cherry. 1930. The Island of Penguins. Londres.
2. Banse, Ewald. 1932. Geographische Landschaftskunde. Gotha.
3. Hermann, Ernst. 1959. Die Pole der Erde. Berlin.
4. Brehms, Alfred. 1911. Vögel. En Tierleben. Leipzig.
5. Gerlach, R. 1964. Die Gefiederten. Das schöne Leben der Vögel. Munich.
6. El nombre del pingüino también tiene sus orígenes en el Norte. Los marineros llamaban a estas aves Pen-Gwyn, cabeza

blanca. Son palabras de origen celta (pen: cabeza, y gwyn: blanco), que se utilizaron después para los pájaros bobos, tras haber desaparecido los verdaderos pingüinos.
7. Ver nota 4.
8. Goethe, Wolfgang von. Goether naturwissenchaftliche Schriften. (Editado por Rudolf Steiner).
9. Portmann, Adolf. 1957. Von Vöglen und Insekten. Basilea.
10. Marret, Mario. 1956. Sieben Mann bei den Pinguinen. Berna y Rivolier, Jean. 1956. Emperor Penguins. Londres.
11. Ver nota 1.
12. Ver nota 1.
13. Ver nota 1.
14. Steiner, Rudolf. Menschenwerden, Weltenseele und Weltengeist. Dornach 1/07/1921. GA 205.

Las migraciones de los salmones y las anguilas

1. Brehm, Alfred. 1914. Die Fische. En Tierleben. Leipzig.
2. Ibíd.
3. Roule, Louis. 1933. Fishes, their Journeys and Migrations. Londres.
4. Gerlach, R. 1950. Die Fische. Hamburgo.
5. Steiner, Rudolf. Anthroposophie–Eine Zusammenfassung nach einundzwanzig Jahren. Dornach, 19/01 a 10/02/1924. GA 234.
6. Ibíd.
7. Ver nota 4.
8. Nota del Editor: ahora es sabido que el salmón encuentra su río natal por el sentido del olfato.
9. Ver nota 3.
10. Steiner, Rudolf. Der Mensch als Zusammenklang des schaffenden, bildenden und gestaltenden Weltenwortes. Dornach, 19/10 a 11/11/1923. GA 230.
11. Muir-Evans, Harold. 1943. Sting-fish and Seafarer. Londres
12. Kraus, Eugen. 1932. Das Aalproblem der modernen Biologie. Dornach.
13. Steiner, Rudolf. Die Mission einzelner Volkseelen. Kristiania, 7-17/06/1910. GA 121.

14. Ver nota 12.
15. Steiner, Rudolf. Welt, Erd und Mensch. Stuttgart, 4-16/08/1908. GA 105.
16. Ver nota 12.
17. Ver nota 1.
18. Ver nota 15.

Los delfines, hijos del mar

1. Alpers, Antony. 1960. A book of dolphins. Londres.
2. Recientemente, cuatro pescadores japoneses, cuyo barco naufragó a 50 km. de la costa, fueron rescatados por delfines. Cada uno llevó a dos hombres sobre su lomo hasta la costa. Esta historia fue contada por los propios pescadores.
3. Rabinovitch, Melitta. 1947. Der Delphin in Sage und Mythos der Griechen. Dornach y Urner, Hildegarde. 1959. Der Delphin als religions- und kunstgeschichtliches Motiv. Neue Zürcher Zeitung. Zurich.
4. Aristóteles. Historia Animalium.
5. Alpers, Antony. 1960. A book of dolphins. Londres y Slijpers, Everhard Johannes. 1958. Walvissen. Amsterdam.
6. Slijpers, op. cit.
7. Alpers, op. cit.
8. Lilly, John C. 1962. Man and Dolphin. Londres.
9. Norris, Kenneth S. John H. Prescott, Paul V. Asa-Dorian, y Paul Perkins. 1961. An Experimental Demonstration of Echo-Location Behaviour in the Porpoise, Tursiops truncatus. Biological Bulletin. Marine Biology Laboratory. Massachussets.
10. Norris y otros, op. cit.
11. Slijper, op. cit.
12. Lilly, op. cit.
13. Steiner, Rudolf. Grenzen der Naturerkenntnis und ihre Überwindung. Dornach, sept. – oct. 1920. GA 322.
14. Slijper, op. cit.
15. Kerényi, Karl. 1951. Die Mythologie der Griechen. Zurich.
16. Steiner, Rudolf. Weltenwunder, Seelenprüfungen und Gestiesoffenbarungen. Munich, 18-28/08/1911. GA 129.

17. Ibíd.
18. Steiner, Rudolf. Christus und die geistige Welt. Leipzig, dic. 1913 – en. 1914. GA 149.
19. Ibíd.
20. Ibíd.

Cisnes y cigüeñas

1. Steiner, Rudolf. Der Mensch als Zusammenklang des schaffenden, bildenden und gestaltenden Weltenwortes. Dornach, 19/10 a 11/11/1923. GA 230.
2. Gerlach, R. 1953. Die Gefiederten. Das schöne Leben der Vögel. Munich.
3. Oken, Lorenz. 1837. Allgemeine Naturgeschichte für alle Stände. Stuttgart.
4. Makatsch, Wolfgang. 1954. Die Vögel der Erde. Berlín.
5. Steiner, Rudolf. Weltenwunder, Seelenprüfungen und Gestiesoffenbarungen. Munich, 18-28808/1911. GA 129.
6. Steiner, Rudolf. Das Johannes-Evangelium mi Verhältnis zu den drei anderen Evangelien. Kassel jun. – jul. 1909. GA 112.
7. Brehm, Alfred. 1911. Vögel. En Tierleben. Leipzig.
8. Siewert, Horst. 1955. Störche. Gütersloh.
9. Ibíd.
10. Steiner, Rudolf. Conferencia no publicada. Colonia, 3/12/1905.
11. Steiner, Rudolf. Das Geheimnis der Trinität. Dornach, 23/07/1922. GA 214.

La paloma, un ave sagrada

1. Brehm, Alfred. 1911. Vögel. En Tierleben. Leipzig.
2. Steiner, Rudolf. Das Matthäus-Evangelium. Berna, 1-12/09/1910. GA 123.
3. Steiner, Rudolf. Der Mensch als Zusammenklang des schaffenden, bildenden und gestaltenden Weltenwortes. Dornach, 19/10 a 11/11/1923. GA 230.
4. Steiner, Rudolf. Das Johannes-Evangelium mi Verhältnis zu den drei anderen Evangelien. Kassel jun. – jul. 1909. GA 112.

Los gorriones de la tierra

1. Estas descripciones y otras de este estudio están basadas en Summers-Smith, D. 1963. The House Sparrow. Londres.
2. Bachelard, Gaston. 1960. Poetik des Raumes. Munich.
3. Makatsch, Wolfgang. 1954. Die Vögel der Erde. Berlín.
4. Brehm, Alfred. 1911. Vögel. En Tierleben. Leipzig.
5. Summers-Smith, op. cit.
6. Ibíd.
7. Ibíd.

Elefantes

1. Steiner, Rudolf. Antworten der Geisteswissenchaft auf die grossen Fragen des Daseins. Berlín, 10/11/1910. GA 60.
2. Blond, Georges. 1960. Das Schicksal der Elephanten. Munich.
3. Benedict, Francis G. 1936. The Physiology of the Elephant. Carnegie Institute, Washington.
4. Carrington, Richard. 1958. Elephants. Londres.
5. Ver nota 2.
6. Ver nota 1.
7. Ver nota 1.
8. Ver nota 4.
9. Ver nota 4.
10. Ver nota 4.
11. Ver nota 4.
12. Ver nota 2.
13. Steiner, Rudolf. Aus der Akasha-Chronik. 1908. GA 11.
14. Steiner, Rudolf. Der Orient im Lichte des Okzidents. Munich 23-31/08/1909. GA 113.

La raza de los osos

1. Brehm, Alfred. 1915. Die Säugetiere. En Tierleben. Leipzig, Alemania.
2. Ibíd.
3. Abel, Othenio. 1929. Paläobiologie und Stammesgeschichte, Jena.

4. Ver nota 1.
5. Poppelbaum , Hermann. 1954. Tierwesenskunde. Dornach.
6. Ver nota 1.
7. Gerlach, R. 1951. Die Vierfüssler. Hamburgo.
8. Op. Cit.
9. Frazer, Sir John. 1922. The Golden Bough. Londres.
10. Ibíd.
11. Bayley, H. 1951. The Lost Language of Symbolism. Londres.
12. Ver nota 9.
13. Kerényi, Karl. 1951. The Gods of the Greeks. Londres.
14. Schadewaldt, W. Die Sternsagen der Griechen. Frankfurt.
15. Fuhrmann, E. 1922. Das Tier in der Religion. Munich.
16. Hoenn, Karl. 1951. Artemis. Zurich.
17. Ver nota 13.
18. Steiner, Rudolf. Aus der Akasha-Chronik. 1908. GA 11.
19. Steiner, Rudolf. Zeitgeschichteliche Betrachtungen. 4-31/12/1916. GA 173.
20. Bernatzik, H. A. 1954. Die neue grosse Völkerkunde. Frankfurt.
21. Gleich, S. von. 1936. Der Mensch der Eiszeit und Atlantis. Stuttgart.
22. Steiner, Rudolf. Weltenwunder, Seelenprüfungen und Gestiesoffenbarungen. Munich, 18-28808/1911. GA 129.

Gatos y perros, compañeros del hombre

1. Wilckens, Martin. 1905. (2[a] ed.). Grundzuüge der Naturgeschichte der Haustiere. Leipzig.
2. Reinhardt, Ludwing. 1912. Kulturgeschichte der Nutztiere. Munich.
3. Schwabe, Julius. 1951. Archetyp und Tierkreis. Basel.
4. No se puede argumentar que el loro, la urraca, el canario y el periquito también viven a nuestro lado. Sin duda lo hacen, pero cautivos; deben estar atados o enjaulados. Los perros y los gatos, sin embargo, rara vez se escapan.
5. Brehm, Alfred. 1915. Die Säugetiere. En Tierleben. Leipzig, Alemania.

6. Ibíd.
7. Guggisberg, C. A. W. 1960. Simba. Eine Löwenmonographie. Berna.
8. Portmann, Adolf. Die Tiergestalt. Basilea.
9. Goethe, Wolfgang von. Goether naturwissenchaftliche Schriften. (Editado por Rudolf Steiner).
10. Crisler, Lois. 1961. Wir heulten mit den Wölfen. Wiesbaden.
11. Suchantke, A. 1964. Was spricht sich in den Prachtkleidern der Vögel aus? En Die Drei, nº 4. Stuttgart.
12. N. del T.: En inglés y alemán a perros y gatos se les atribuye el género masculino y femenino respectivamente independientemente de su sexo
13. Steiner, Rudolf. Die Erkenntnis der Seele und des Geistes. Munich, del 10/10/1907 al 14/05/1908. GA 56.
14. Nota del traductor: Para una comprensión legítima del texto, el lector debe tener en cuenta que Steiner y König al hablar de lo femenino y lo masculino lo circunscriben al aspecto físico-etérico, por lo que los aspectos aquí descritos no hacen referencia alguna a la configuración anímica e individual del hombre y la mujer. Se debe descartar cualquier lectura 'machista' de estas explicaciones, ya que en muchos textos ambos escritores manifiestan posiciones igualitarias de ambos sexos. Steiner y König reconocen las diferencias sexuales en el ámbito de lo físico y vital, pero no lo trasponen al ámbito de lo anímico y espiritual, en el que, según ellos, todos son iguales y únicos a la vez.
15. Ash, Edward C. 1927. Dogs, their History and Development. London.
16. Ver nota 3.
17. Erman, Adolf. 1934. Die Religion der Ägypter. Berlín.
18. Ibíd.
19. Steiner, Rudolf. Weltenwunder, Seelenprüfungen und Gestiesoffenbarungen. Munich, 18-28808/1911. GA 129.
20. Wachsmuth, G.1950. Die Entwicklung der Erde. Dornach.
21. Steiner, Rudolf. Ägyptische Mythen und Mysterien. Leipzig, 2-14/09/1908. GA 106.
22. Steiner, Rudolf. Das Matthäus-Evangelium. Berna, 1-12/09/1910. GA 123.

1. Oken, Lorenz. 1831. Lehrbuch der Naturphilosophie. Jena.
2. Poppelbaum , Hermann. 1954. Tierwesenskunde. Dornach.
3. Hertwig, Richard. 1916. Lehrbuch der Zoologie. Jena.
4. Ritter, Georg. Horn und Geweih. Kalender 1934-36. Dornach: Sección de Matemáticas y Astronomía, Goetheanum.
5. Ver nota 2.
6. Brehm, Alfred. 1915. Die Säugetiere. En Tierleben. Leipzig.
7. Abel, Othenio. 1929. Paläobiologie und Stammesgeschichte, Jena.
8. Young, J. Z. 1950. The life of Vertebrates. Oxford.
9. Ver nota 7.
10. Véase la descripción de Rudolf Steiner: "Cuando la evolución de Lemuria estaba en sus inicios, no existían los sistemas respiratorio y alimentario tal como los conocemos hoy día. Las sustancias eran muy diferentes; la respiración y la nutrición estaban en cierto modo conectadas; realizaban una función común que no se dividió hasta más tarde. El ser humano absorbía una especie de substancia lechosa que suplía lo que la alimentación y la respiración realizan actualmente." Rudolf Steiner. Welt, Erd und Mensch. Stuttgart, 4-16/08/1908. GA 105.
11. Steiner, Rudolf. Über Gesundheit und Krankheit. Dornach 19/10/1922 al 10/02/1923. GA 348.
12. Bois-Reymond, René du. 1930. Ortsbewegung der Säugetiere, Vögel, Reptilien und Amphibien. En Vol. 15 de Handbuch der normalen und pathologischen Physologie. Berlín.
13. Kluge, Friedrich. 1960. Etymologisches Wörtebuch der deutschen Sprache. Berlín.
14. Finbert, Elian-J. 1963. Pferde. Zurich-Stuttgart.
15. Reinhardt, Ludwing. 1912. Kulturgeschichte der Nutztiere. Munich.
16. Pritzwald, F. P. Stegman von. 1924. Die Rassengeschichte der Wirtschaftstiere. Jena.
17. Ver nota 15.
18. En el trabajo de Victor Hehn de 1870 Kulturpflanzen und

Haustiere in ihrem Ubergang aus Asien nach Griechenland und Italien sowie in das übrige Europa, se encuentra la más bella y, aún hoy día, más valiosa descripción de la doma de caballos. Se nos dice: "Aparte de para la guerra, en Homero no se usa el caballo para montar. Esto es evidente en el tercer libro de la Odisea, cuando Telémaco y el hijo de Néstor, Pisístrato, viajan de Pilos a Lacedemonia a través del montañoso Peloponeso sobre un carro, y no montando a caballo a través de los pasos de la montaña o los lechos rocosos de los arroyos."
19. Ver nota 15.
20. Steiner, Rudolf. Die Rätsel der Philosophie. 1914. GA 18.
21. Steiner, Rudolf. Welt, Erd und Mensch. Stuttgart, 4-16/08/1908. GA 105.
22. Bachofen, Joh. Jacob. 1861/1958. Das Mutterrecht. Basilea.
23. Kerényi, Karl. 1951. The Gods of the Greeks. Londres.
24. Steiner, Rudolf. Antworten der Geisteswissenchaft auf die grossen Fragen des Daseins. Berlín 20/10/1910 al 16/03/1911. GA 60.
25. Kerényi, Karl. 1959. The Heroes of the Greeks. Londres.
26. Steiner, Rudolf. Aus der Akasha-Chronik. 1908. GA 11.
27. Steiner, Rudolf. Die Apokalypse des Johannes. Nuremberg, 17-30/06/1908. GA 104.
28. La era post-atlántica puede dividirse en siete épocas. Comenzó en el 7900 a.d.C. y acabará 15.120 años más tarde con 'La Guerra de Todos contra Todos'. En sus conferencias sobre el Apocalipsis (nota 27), Steiner dice: "Entonces (el yo) se convirtió en lo que separa a unos hombres de otros, lo que les lleva a la gran guerra de todos contra todos, no sólo una guerra de naciones contra naciones, (porque la concepción de nación no tendrá la importancia que se le da ahora) sino la guerra de cada persona contra cada una de las demás en todos los ámbitos de la vida; la guerra de clases contra clases, de castas contra castas, de sexos contra sexos".
29. Ver nota 27.

Bibliografía

Abel, Othenio. 1929. Paläobiologie und Stammesgeschichte, Jena.
Alpers, Antony. 1960. A book of dolphins. Londres.
Aristóteles. Historia Animalium.
Ash, Edward C. 1927. Dogs, their History and Development. London.
Bachofen, Joh. Jacob. 1861/1958. Das Mutterrecht. Basilea.
Bachelard, Gaston. 1960. Poetik des Raumes. Munich.
Banse, Ewald. 1932. Geographische Landschaftskunde. Gotha.
Bayley, H. 1951. The Lost Language of Symbolism. Londres.
Benedict, Francis G. 1936. The Physiology of the Elephant. Carnegie Institute, Washington.
Bernatzik,H.A. 1954. Die neue grosse Völkerkunde. Frankfurt am Main.
Blond, Georges. 1960. Das Schicksal der Elephanten. Munich.
Bois-Reymond, René du. 1930. Ortsbewegung der Säugetiere, Vögel, Reptilien und Amphibien. En Vol. 15 de Handbuch der normalen und pathologischen Physologie. Berlín.
Brehm, Alfred. 1915. Die Säugetiere. En Tierleben. Leipzig.
1911. Vögel. En Tierleben. Leipzig.
1914. Die Fische. En Tierleben. Leipzig.
Carrington, Richard. 1958. Elephants. Londres.
Crisler, Lois. 1961. Wir heulten mit den Wölfen. Wiesbaden.
Erman, Adolf. 1934. Die Religion der Ägypter. Berlín, Alemania.
*Finbert, Elian-*J. 1963. Pferde. Zurich-Stuttgart.
Frazer, Sir John. 1922. The Golden Bough. Londres.
Fuhrmann, E. 1922. Das Tier in der Religion. Munich.
Gerlach, R. 1951. Die Vierfüssler. Hamburgo.
1950. Die Fische. Hamburgo.
1953. Die Gefiederten. Das schöne Leben der Vögel. Munich.
Gleich, S. von. 1936. Der Mensch der Eiszeit und Atlantis. Stuttgart.
Goethe, Wolfgang von. Goether naturwissenchaftliche Schriften.
Guggisberg, C. A. W. 1960. Simba. Eine Löwenmonographie. Berna.
Hermann, Ernst. 1959. Die Pole der Erde. Berlin.

Hertwig, Richard. 1916. Lehrbuch der Zoologie. Jena.
Hoenn, Karl. 1951. Artemis. Zurich.
Kearton, Cherry. 1930. The Island of Penguins. Londres.
Kerényi, Karl. 1951. The Gods of the Greeks. Londres.
1951. Die Mythologie der Griechen. Zurich.
1959. The Heroes of the Greeks. Londres.
Kraus, Eugen. 1932. Das Aalproblem der modernen Biologie. Dornach.
Kluge, Friedrich. 1960. Etymologisches Wörtebuch der deutschen Sprache. Berlín.
Lilly, John C. 1962. Man and Dolphin. Londres.
Lockley, Ronald Mathias. 1954. The Seals and the Curragh. Londres.
Lucanus, Friedrich von. 1929. Zugvögel und Vogelzug. Berlin.
Marret, Mario. 1956. Sieben Mann bei den Pinguinen. Berna.
Makatsch, Wolfgang. 1954. Die Vögel der Erde. Berlín.
Muir-Evans, Harold. 1943. Sting-fish and Seafarer. Londres
Norris, Kenneth S. John H. Prescott, Paul V. Asa-Dorian, y Paul Perkins. 1961. An Experimental Demonstration of Echo-Location Behaviour in the Porpoise, Tursiops truncatus. Biological Bulletin. Marine Biology Laboratory. Massachussets.
Oken, Lorenz. 1831. Lehrbuch der Naturphilosophie. Jena.
1837. Allgemeine Naturgeschichte für alle Stände. Stuttgart.
Partridge, Eric. 1966. Origins. A short Etimological Dictionary.
Poppelbaum , Hermann. 1954. Tierwesenskunde. Dornach.
Portmann, Adolf. Die Tiergestalt. Basilea.
1957. Von Vöglen und Insekten. Basilea.
Pritzwald, F. P. Stegman von. 1924. Die Rassengeschichte der Wirtschaftstiere. Jena.
Rabinovitch, Melitta. 1947. Der Delphin in Sage und Mythos der Griechen. Dornach.
Reinhardt, Ludwing. 1912. Kulturgeschichte der Nutztiere. Munich.
Ritter, Georg. Horn und Geweih. Kalender 1934-36. Dornach: Sección de Matemáticas y Astronomía, Goetheanum.
Rivolier, Jean. 1956. Emperor Penguins. Londres.
Roule, Louis. 1933. Fishes, their Journeys and Migrations. Londres.

Schadewaldt, W. Die Sternsagen der Griechen. Frankfurt.
Scheffer, Victor Blanchard. 1958. Seals, Sea Lions and Walruses. Standford.
Schwabe, Julius. 1951. Archetyp und Tierkreis. Basel.
Siewert, Horst. 1955. Störche. Gütersloh.
Slijpers, Everhard Johannes. 1958. Walvissen. Amsterdam.
Steiner, Rudolf.
Conferencia no publicada. Colonia, 3/12/1905.
La crónica del Akasha. E.Antroposófica. (disponible en E.R.S)
Los enigmas de la filosofía. Edit.R.Steiner.
Die Erkenntnis der Seele und des Geistes. Munich, del 10/10/1907 al 14/05/1908. GA 56.
Antworten der Geisteswissenchaft auf die grossen Fragen des Daseins. Berlín 20/10/1910 al 16/03/1911. GA 60.
El Apocalipsis. E.Antroposófica. (disponible en E.R.Steiner)
Tierra, Universo y Hombre. E.Antroposófica. (disponible E.R.S)
Mitos y Misterios Egipcios. E.Antroposófica. (disponible E.R.S)
Comentarios al Evangelio de San Juan. Edit.R.Steiner.
Der Orient im Lichte des Okzidents. Munich 23-31/08/1909. GA 113.
Die Mission einzelner Volkseelen. Kristiania, 7-17/06/1910. GA 121.
Evangelio según San Mateo. Kier. (disponible en E.R.S)
Okkulte Geschichte. Stuttgart 27-31/12/1910. GA 126.
Weltenwunder, Seelenprüfungen und Gestiesoffenbarungen. Munich, 18-28808/1911. GA 129.
Christus und die geistige Welt. Leipzig, dic. 1913 – en. 1914. GA 149.
Zeitgeschichteliche Betrachtungen. 4-31/12/1916. GA 173.
Menschenwerden, Weltenseele und Weltengeist. Dornach 1/07/1921. GA 205.
Das Geheimnis der Trinität. Dornach, 23/07/1922. GA 214.
Der Mensch als Zusammenklang des schaffenden, bildenden und gestaltenden Weltenwortes. Dornach, 19/10 a 11/11/1923. GA 230.
Anthroposophie – Eine Zusammenfassung nach einundzwanzig Jahren. Dornach, 19/01 a 10/02/1924. GA 234.

Das Faust-Problem. Dornach, 30/09/1916 a 19/01/1919. GA 273.
Grenzen der Naturerkenntnis und ihre Überwindung. Dornach, sept. – oct. 1920. GA 322.
Über Gesundheit und Krankheit. Dornach 19/10/1922 al 10/02/1923. GA 348.
Suchantke, A. 1964. Was spricht sich in den Prachtkleidern der Vögel aus? En Die Drei, nº 4. Stuttgart.
Summers-Smith, D. 1963. The House Sparrow. Londres.
Urner, Hildegarde. 1959. Der Delphin als religions- und kunstgeschichtliches Motiv. Neue Zürcher Zeitung. Zurich.
Wachsmuth, G. 1961. The Evolution of Mankind. Dornach.
1950. Die Entwicklung der Erde. Dornach.
Wilckens, Martin. 1905. (2ªed.). Grundzüge der Naturgeschichte der Haustiere. Leipzig.
Young, J. Z. 1950. The life of Vertebrates. Oxford.